哇，
原来数学
这么有趣

林欣浩 / 著

U0171631

人民东方出版传媒
People's Oriental Publishing & Media

东方出版社
The Oriental Press

目 录

思维入门

有什么数学知识，
比数数更基础？

离散与
抽象

> ◉ 本节覆盖基础课程知识点

一年级数学 | 100 以内数的认识

一年级数学 | 分类与整理

一年级数学 | 找规律、比较大小

七年级数学 | 0 和正整数

咱们从最简单的知识说起。

你觉得，数学里最基础的知识是什么呢？或许你会说，最基础的知识就是数数嘛！一般，孩子学的第一个数学知识就是数 1、2、3、4、5……

那么，有没有比数数更基础的数学知识呢？

抽象思维

我们来想象一下，原始人最早是怎么开始数数的。其实，最早的时候，原始人不需要数数，他们饿了就去找吃的，困了就睡——数学又不能变出吃的来，学它能有什么用？

有一天，一群原始人发现了一大堆水果。他们使劲吃啊吃，可直到实在吃不下时还剩下一大堆水果。原始人欢天喜地地把水果抱回住的地方。有这么多水果在，他们可以好几天不用挨饿了。大家围着这堆水果，心满意足地睡了。

然而第二天醒来后，有一个原始人突然不高兴了，他发现，这堆水果和昨天的比起来，好像少了一些。他把其他人叫起来，一边叫一边比画着，意思是：水果少了，一定是有人半夜里偷吃了！其他原始人也使劲比画着，有的人说："少了！"有的人说："没少！"有的人说："反正不是我吃的！"

那么，到底怎么能知道水果有没有少呢？

最简单的办法，是用手比画一下。在前一天晚上，原始人先把水果堆成一堆，然后用手比画一下，这堆水果大概是这么多。第二天早晨醒来后，他再比画一下，然后回忆一下昨天这堆水果的大小，比较水果有没有少。

你肯定能想到，这种比较的方式太粗糙了。睡了一夜后，昨天用手比画出来的大小，谁能记得准呀。就算有一个原始人能记得清楚，其他原始人也未必同意。别的原始人会说："你昨天比画的不是这么大，应该是那么大！"要是这么吵起来，哪儿说得清楚啊。

"抽象思维"能把具象的东西和抽象的东西连接在一起。

咱们用学术的话来说，这种"比画来比画去"的方法，是一种"感性认识"。感性认识的缺点就是不精确。

那怎么才能做到精确呢？这就需要数学出场了。数学可以帮助原始人精确地记住水果有多少。睡觉前，大家一起把这堆水果数一数，记下一个数字，比如"10"。如果记不住，原始人还可以在墙壁上画出十条小横线，用来代表水果的数量。等到第二天早晨，大家再数一数水果的数量抽象思维把具象的东西和抽象的东西连接在了一起。当人类具备了这样的思维后，人类的智力就有了一次质的飞跃，人类也就可以做很多复杂的事情。

和墙壁上横线的数量，就可以知道水果有没有少了。

这个方法，在我们今天看来非常简单，但是对于原始人来说，却是质的飞跃。因为这里包含了一个非常重要的思维方式：**抽象**。

水果，看得见，摸得着，可以放到嘴里吃。这种看得见、摸得着的东西，就是"具象"，它有具体的形象。

数字"10"呢，我们可以把它记在脑海里，这个数字是看不见、摸不着的，它就是"抽象"的。

墙上的小横线和水果，是两种完全不同的东西。它们的样子不一样、质地不一样，而且小横线也不能拿来吃。可是原始人却认为，小横线和水果之间有某种神秘的联系，每一条小横线可以代表一个水果。这种念头，就是"**抽象思维**"。抽象思维把具象的东西和抽象的东西连接在了一起。当人类具备了这样的思维后，人类的智力就有了一次质的飞跃，人类也就可以做很多复杂的事情。

比如，人类可以画一幅画，认为这幅画代表了某种想象中的神仙、神兽。通过膜拜这幅画，人类就可以得到神仙和神兽身上的力量。这幅画，就是"图腾"。

人类还可以画一幅画，认为这幅画代表了某种现实中的事物。比如，画一个圆圈，在中间点一个点，认为这幅画可以代表"太阳"。久而久之，这个"圆圈加一个点"就成了一个固定的符号，变成了最早的"日"字。这就是文字。

有了文字，人类就可以记录下无穷多的信息，人类才能发展出复杂的文明。

离散思维

不过，只拥有"抽象思维"，原始人还是不会数数。他们还需要另一种很厉害的思维，叫作"离散思维"。

"离散"的意思很好理解，看字面意思就行：离散，就是把原来连在一起的东西分开。

回想一下，那个原始人最开始是怎么判断水果少没少的呢？他是用手对着那堆水果"比画"了一下。这个"比画"的动作，其实就是把这堆水果看成一个整体。他只知道这些水果"整个儿"有多大。

等到这个原始人学会了数数，再要去数水果时，他会怎么做呢？他必须从这堆水果里，先拿出一个水果，放到一边，说"这是1"。再拿出来一个水果，放到一边，说"这是2"。

这个把一堆混在一起的水果一个一个拿出来的动作，其实就是在把一堆水果给分开，这个动作就是"离散"。没有这个离散的过程，人类就没有办法把混沌一团的世界，变成"一个一个"的，那就没有办法数数了。

"离散思维"在我们的生活中随处可见。没有这个思维，我们其实什么都干不了。

举一个例子。咱们每个人都要上学，从小学、中学到大学，学习很多的知识。那么请你想象一下，假设我现在把你未来要学到的所有知识，都印刷出来，变成好厚好厚的一摞纸摆在你的面前，那这摞纸大概得一直摞到天花板上。我对你说："这些都是你未来要学的知识，你现在就开始学吧，就从第一页开始，一页一页地往下学。"

你会觉得无从下手吧？这么多知识什么时候能学得完啊，学到哪里才算是一站啊？

在现实世界里，我们不会从第一页开始，不管不顾地闷头学起，我们会制订一个学习计划，分阶段地学。所以设计教材的教育学家，会把我们将要学习的知识分成小学、中学和大学阶段。在小学阶段里又分成一年级、二年级……我们打开课本，所有的知识又被分成了单元，单元的下面还有具体的每一课，每一课的里面还有小节。

人类的知识原本是不分年级、单元和课的，我们为了学习方便，把原本摞在一起的知识，划分成了一单元一单元、一课一课，这个行为就是"离散"。

"单元""课""小节"，这些都是看不见、摸不着的抽象概念。我们用"单元""课""小节"去描述学习进度，我们会说，"我最近已经学了三课的知识了""我准备学习下一个小节了"，这就是"抽象思维"。

有了离散思维和抽象思维的思想，我们就可以把原本高高的一厚摞知识，变得简单、有序。这就是离散思维和抽象思维的作用。

离散思维和抽象思维，可以把原本看起来很复杂的东西变得简单、容易分析。

 下讲预告

数学是一门处处充满"对称"的学科。既然有"离散思维"，那么有没有"不离散"的思维呢？这种"离散思维"工具，又有什么好处呢？下一讲来告诉你。

△ "离散"

　　离散，即"离散化"，是指把连续形式的数学问题转化成离散形式的过程。

△ "抽象"

　　抽象，即"抽象化"，是指认知某类个体的共有性质以形成某个概念，以及将这些共有性质形成概念的过程。

跨年的午夜零点值不值得庆祝？

离散

> ● 本节覆盖基础课程知识点
>
> 一年级数学 | 认识钟表
> 二年级数学 | 时、分、秒
> 三年级数学 | 年、月、日
> 七年级数学 | 什么是定义

　　上一讲，我们讲了"离散"这个数学思想，就是把原本连续的东西分成一块儿一块儿的。你或许会问：既然有"离散"的东西，那有没有"不离散"的东西呢？

　　当然有。所谓"不离散"，就是连续。其实我们身边所有的东西，都是连续的。最典型的例子就是时间。

人类怎么描述时间？

　　时间是什么呢？我们经常会说，时间好像一条长河，连绵不断。你看，这个"连绵不断"的意思，就是"连续"。就像长河是连续的一样，时间也是连续的。这个世界上，还从来没有人能"咔嚓"一下把时间截断呢。

可是连续的时间，我们描述起来很麻烦。比如，我们平常生活中，经常需要约定一个具体的时间或计算一段时间的长度，那我们该怎么精确地描述这个没法被截断的时间呢？这时，我们就可以拿出"离散"这个厉害的工具了。

人类自从掌握了离散思维后，就开始尝试着把时间分成一份一份的。比如，我们会把时间分成一年又一年，一天又一天，一个小时又一个小时。这种划分好像是在原本连续的"时间长河"上，"戳上"很多个点。有了这些点，时间就变得容易被描述，也容易计算了。

可是，时间长河上原本是没有点的，这些点是人类强行"戳"上的。哪天是一年的第一天？哪分钟是一天里的第一分钟？这些都是人类硬性规定出来的。虽然这可以给我们的生活带来很多方便，但是从另一个角度看，这也是对时间的破坏。当我们认为"时间就是一年、一天、一小时"时，我们实际上是在把原本连续的时间，当成离散的东西看待。在有些人看来，这样做会让我们错误地理解世界。中国古代的一些思想家，如老子、庄子，就反对我们这么做。

如果老子和庄子生活在今天，我想，他们一定会对

好棒！我们跨入了新的一年！

"新年倒计时"这件事感到不可理解。

　　你了解"新年倒计时"吧？在每年最后一天的午夜，有很多人特意举行聚会。他们盯着一个巨大的钟，看着秒针一点一点地走向十二点。在快要到达十二点时，大家一起"三、二、一"地倒数，等秒针一过十二点，就一起欢呼："好棒！我们跨入了新的一年！"

也就是说，这些人认为，跨过十二点的那一秒钟有特别的意义。可问题是，时间是连续不断的，时间上所有的点都是我们人类硬性规定出来的。对于时间长河来说，这个点和另一个点，没有什么不一样。

如果我是时间长河，我会觉得人类很怪，你们在我的身上"砰砰砰"，戳了好多个本来并不存在的点。然后你们指着其中一个点特别激动，还特意聚在一起指着这个点说："好棒！我们终于跨过了这个点！"你们到底在激动什么？

人类怎么下定义？

"离散思维"虽然可以让我们更有效率地描述世界，但是在描述的过程中，我们不得不对原本连续的事物进行一些歪曲。

就好比，音乐是连续的，音符是离散的。我们把音乐记录成由一个一个音符组成的乐谱，这就是在使用离散思维。这样做的好处是，我们可以把流动的音乐固定在纸面上。但缺点是，在记录的过程中，我们肯定会损失掉原曲中的一些信息，如具体每一个音符的强弱，每一个音符持续时间的长短。它们的毫厘变化，乐谱是记录不下来的。不同的演奏者面对同一个乐谱，可以表达出不同的效果。

虽然离散思维有这些缺点，但是我们在日常生活中，又离不开它。因为离散思维和抽象思维，可以让我们把复杂的知识变得简单，变得容易记忆、容易表达。比如，我们在学校里，在课本上使用的语言，都建立在"离散思维"的基础上。

这背后关键的原因是"定义"。

老师在课堂上讲一个新概念时，会告诉我们这个概念的"定义"。也就是告诉我们，这个概念到底是什么意思，什么样的东西在这个概念之内，什么样的东西又在这个概念之外。

打个比方。我们人类知道的所有内容好像一片大地。"定义"，就是我们在知识的大地上画一个圈，我们规定好，这个概念所指的东西，只能在这个圈的里面，不能在这个圈的外面。我们把这件事儿说清楚了，就叫作对这个概念下了一个定义。

注意"画圈"这个动作：我们画圈时，用的是一条线，而且这条线在理论上必须边界分明。这个下定义的动作，就等于我们用一条线，把原本连续的知识的大地给分隔开了。这里用的恰恰就是"离散"的思想。

也就是说，如果要建立边界清晰的定义，就必须用"离散思维"去分割知识的大地。反过来，如果拒绝使用"离散思维"，那我们对一个概念的定义就会不清楚，我们

> 离散思维和抽象思维，可以让我们把复杂的知识变得简单，变得容易记忆、容易表达。

说出来一个词，这个词到底是什么意思，就有点儿模模糊糊说不清。这样的概念，就不容易被记忆，也不容易被表达。就比如老子、庄子写出来的哲学著作，虽然被公认非常伟大，但是后人对它的解读千差万别。他们著作中的一个词，后人可以做出好多完全不同，甚至完全相反的解读。所以再伟大的思想，也难逃被歪曲，甚至是失传的危险。

所以，"离散思维"既有缺点也有优点。离散思维会歪曲这个世界，但是只有借助离散思维，我们才能够准确地表达自己的观点。

数学的优点和缺点

数学也有类似的优点和缺点。

王国维先生曾经说过一句话："可爱者不可信，可信者不可爱。"

比如，虽然艺术是美的、可爱的，但是它们不能被语言精确地表达出来，没有办法用逻辑去论证，所以是不可信的。相反的例子就是数学，数学就是可信而不可爱的。

首先，数学是不可爱的。有很多人都讨厌数学，因为他们觉得学数学太枯燥了。语文课上有优美的名句，物理课上好歹还有看得见、摸得着的东西。数学课呢？数学课上只有抽象的数字和符号。那些数字符号到底是什么意思呢？它们代表的不是实在的东西，而是看不见又摸不着的数学概念。做数学题，就好像是在进行一场和现实无关的奇怪游戏，所以很多人学着学着就忍不住困了。

其次，数学是可信的。没错，数学确实不可爱。可是，数学通过牺牲可爱，换来了另一个优点，那就是可信和精确。

不管是古希腊人阿基米德还是英国人牛顿，他们写下来的那些数学公式，我们今天都可以百分之百精确地理解，而不会因为我们和他们之间有着几千年的距离，有着文化的隔阂，就会误解他们的意思。一个外国的数学家和一个中国的数学家，可以靠着数字符号通力合作。哪怕语言不通，外国人计算到一半的数学题，中国数学家也可以毫无障碍地继续算下去。

数学是人类最通用的语言，这就是数学的魅力。

下讲预告

下一讲，我们来讲一个最常见的数学符号——等号。它拥有巨大的权力。你可能会奇怪，一个数学符号怎么会拥有权力呢？

学科辞典

△"定义"

本文的"定义"指"属加种差定义"，把被定义概念的属概念（"属"）和被定义概念与该属概念下的其他种概念的差别（"种差"）结合起来的定义。

虽然在理论上，我们希望定义的边界越清楚越好，但是日常生活中的语言没有办法做到定义的边界绝对清晰。比如，日常用语中的"桌子"和"椅子"，这两个定义之间就没有严格的边界。我们总能想象出一些既像"桌子"又像"椅子"的东西，介于这两个定义的中间，不知道该往哪边归类。

哪一个数学符号的权力最大？

等号

◉ 本节覆盖基础课程知识点

一年级数学 | 理解等号

一年级数学 | 分类与整理

四年级数学 | 加法交换律

七年级数学 | 等式的基本性质

在所有的数学概念里，"等于"是最容易学习的概念。其实每个人只要会数数，就已经知道什么是"等于"了。

数数和相等的关系

还记得原始人数水果的例子吗？原始人想要知道一堆水果的数量，于是拿出一个水果，数了一个"1"，又拿出一个水果，数了一个"2"……

想象一下，如果这个原始人拿水果的顺序相反了，比如，第一次先拿的是绿色的水果，后拿的是红色的水果；第二次先拿红色的，后拿绿色的，那他数数的过程会有变化吗？会不会第一次数的是"1、2……"，第二次因为拿水果的顺序变了，所以数的是"2、1……"？当然不会，无论他怎么拿水果，数数的结果都不会变。

换句话说，在数数的过程中，这个原始人把所有的水果都看成是一模一样的。

只要仔细观察，我们就会发现每一个水果都是不一样的：有的大、有的小、有的红、有的绿。但是，如果我们

在数水果的过程中，需要运用"相等"的思维，否则就没法数数了。

较真这些水果的区别，那就没法数数了。那样就会变成，一个原始人拿起一个水果，说"1"，另一个原始人说："不对不对，你昨天第一个拿的不是这个水果，你数错了。"这么思考的原始人，就是还没掌握数数。

这个把每一个水果都看成是一样的思维过程，其实就是"相等"的思维。

"相等"是价值判断

不过，事情并没有那么简单。

刚才那个原始人在数数时，认为水果的大小、颜色，都不重要，这些属性不同的水果都可以看成是同一个。那么，是不是水果所有的属性都不重要呢？比如，"能不能吃"这个属性，重要吗？假设有一块石头，大小和水果差不多，外表也是红色的，能不能在数数的时候也被算进去？

当然不能。但是，如果我是那块石头，我就会抗议："凭什么不能啊？凭什么别的属性都不重要，'能不能吃'就很重要？"

如果你是原始人，你怎么回答呢？其实回答不出来。原始人会说："我觉得重要就重要，我收集水果就是为了吃的，当然'能不能吃'最重要喽！"

这意味着，当我们说"相等"时，其实对水果的各种属性进行了一次价值判断。我们宣布，我认为某些属性不重要，就算这些属性不同，它们也可以被看成是同一个东西。另一些属性很重要，但只要这些属性不同，那就是不同的东西。

数学里的"等号"，就具备这样的功能。我们在数学式里写下一个等号，其实就等于做出一个价值判断。我们是在当众宣布："我"认为这个数学式里的哪些东西重要，哪些东西不重要。

比如，老师在教我们"加法交换律"时，会写上等式"1+2=2+1"，然后老师告诉我们，这两边的数字是一样的。但是我们一看，等号两边写的内容明明不一样啊，为什么叫一样呢？

这就是等号的威力了，等号是在宣布：在这个式子里，加法的顺序不重要。

再如，在"1+2=3"这个等式中，等号两边就没有一个符号是一样的。这是等号在宣布：在数学计算里，具体的数字符号是不是相符这件事也不重要。重要的只是计算结果。

所以有一个笑话：

一天，一个父亲问自己的儿子："今天在学校里，老师教了你什么啊？"儿子说："老师教了我 1+3=4。"第二天，这个父亲又问儿子："今天老师教了你什么啊？"儿子回答："老师教了我 2+2=4。"结果父亲勃然大怒："这个老师太没水平了，怎么总是变来变去！"

我们能体会到这个父亲的愚蠢。为什么呢？因为他无视了等号宣布的规则。等号"觉得"不重要的事情，这个父亲却"觉得"无比重要。他犯规了。

"等于"是一种权力

实际上，宣布"哪些重要，哪些不重要"，这才是等号的真正价值。

假设我们上数学课，老师在黑板上写上"1+2=？"让我们回答。如果一个同学上去，写成"1+2=1+2"，老师会怎么说呢？老师大概会说："你这样写，虽然等式是成立的，但是写了跟没写一样，这个计算没有任何意义。"另一个同学上去，写成"1+2=3"，明明等号两边的符号不一样，老师却会夸奖说，这个同学写对了。

可是，明明前一个同学写的等式"更相等"，连符号的位置和顺序都一样，可为什么后一个同学会被老师夸奖呢？这是因为，前一个等式其实没有宣布任何有用的信息。而后一个等式宣布了："同一个计算结果，我们用来表达它的数学符号越简捷，表达的效果越好。"

这才是等号的威力。等号的价值在于，它规定某些看上去不一样的东西其实是一样的，通过这个规定，来宣布某些属性我们不讨论，因为它不重要。

比如，在学校里，老师会说："没带作业就等于没写！"这其实是在宣布，作业此时此刻出现在教室里最重要，你昨天到底有没有写作业不重要。

再如，有的人说："人生就是吃苦。"他其实是在宣布，吃苦的时候不抱怨很重要，寻找吃苦的意义不重要。

每一个数学等号，都是对现实世界的宣判，宣布一切属于现实的、带着感情的、欲望的东西，都不重要。数学符号把所有属于现实的东西隔绝在游戏规则之外，所以数学的世界最简洁也最纯粹。

等号的价值在于，它规定某些看上去不一样的东西其实是一样的，通过这个规定，来宣布某些属性我们不讨论，因为它不重要。

下讲预告

下一讲，我们要讲一个特殊的概念，即"无穷大"。其实你没有办法真正理解无穷大。你以为的无穷大，都是有穷的。这是为什么呢？

学科辞典

△ "相等"

相等是数学的基本概念之一。它有相同、同一等含义，是指事物之间的一种等价关系。事物 A 与 B 相等常记为 A=B。把相等用于不同场合具有不同的意义。

怎么才能规划好自己的未来？

无穷大

◉ 本节覆盖基础课程知识点

四年级数学 | 大数的认识

四年级数学 | 自然数的个数

七年级数学 | 理解无穷大

七年级数学 | 直线和平面

你知道什么是"无穷大"吗？

我们想象不到真正的"无穷大"

对于"无穷大"这个概念，你肯定不陌生。我们小的时候可能幻想过，"我要是有无穷多的玩具就好了"。这个"无穷多"，就是数量上的"无穷大"。可其实，我们对"无穷大"的理解未必正确，我们理解的可能并不是真正的"无穷大"，而只是"想要多少有多少"。

这两个概念有什么区别呢？

你可以亲自做一个实验。我们都知道，宇宙是无穷大的。你可以等到夜深人静的时候，躺在床上，试着想象一下，无穷大的宇宙到底是一种什么感觉。

那种感觉就好像是宇宙外面还有宇宙，即使你到了这个宇宙的边上，还有宇宙。

你回想一下，这个思考的过程是什么样的呢？你是一下子就想到了一个无穷大的宇宙吗？不是的。你想到的，是你自己在不断地跨过头脑中那个宇宙的边界，不断地扩大头脑中的宇宙，你在一直一直地扩大下去。这个不断跨过边界、不断扩大宇宙的过程，就是"想要多大有多大"。在这个过程中，你其实没有任何一个时刻想象出了真正的"无穷大"。你只是想出了一个在不断扩大的、动态的宇宙，这个宇宙在任何一个时刻里，大小其实都是有限的。

那么，是不是因为我们的思维方法不对，才没有办法想象出真正的"无穷大"？不是的。这不是你的方法的问题，而是人类想象力的局限。

人类的想象力有一个特点，即人无法想象自己从来没有见过的东西。比如，人类没有办法凭空创造出神奇的动物，人类只有先见过马，又见过鸟的翅膀，才可能想象出飞马。

那"无穷大"呢？人类从来没有见过这样的东西。因

无穷大的宇宙到底是一种什么感觉?

为我们的感官是有限的——我们的视线有限，所以我们看的东西也是有限的；我们的手臂长度是有限的，所以我们能摸到的东西也是有限的。我们只见过有限的东西，也就只能想象出有限的东西。要想象"无穷大"，我们就只能通过"想要多少有多少"来间接地模拟一下。

计算题里不要随便使用"无穷大"

因为我们无法真正地想象出"无穷大"的概念，所以一旦遇到"无穷大"这个词，就要特别小心。我们很容易在这里犯错。

举一个例子。

你可能已经学过，在数学里"无穷大的数字"可以用符号"∞"表示。乍一看，这个"∞"好像和 x、y、z 一样，都是普通的数学符号。但其实"∞"非常特殊，和我们平时使用的数字完全不同，也不适合普通的数学定理。

比如，我们做一道最简单的数学题：

"正无穷"，再加上 1，应该等于多少？

我们想，无穷就是无限多的数，再加上 1，就还是无限多的数，不也就还是"正无穷"嘛。好，如果这么想，那这道题就可以写成算式：

$$1 + \infty = \infty$$

"无穷大"其实已经超出了我们人类的思维极限，不能遵循我们平时使用的数学定律。

现在，我们用一下"移项变号"，把左边的"正无穷"，挪到右边来。

现在就变成了：

$$1 = \infty - \infty$$

你看，式子的右边是什么？"$\infty - \infty$"，这是两个一样的符号啊，"正无穷"减去"正无穷"，好像应该等于"0"啊？可式子左边是"1"，"1"怎么能等于"0"呢？

更奇怪的是，我们可以把上面那个算式里的"1"换成任何一个数字，这个算式都"成立"。也就是说，我们可以用同样的办法算出 $\infty - \infty$ "等于" 2，"等于" 3，"等于" 10000……显然，这个结论是荒诞的。

这背后的根本原因，就是"无穷大"其实已经超出了我们人类的思维极限，不能遵循我们平时使用的数学定律。

怎么才能规划好自己的未来？

在生活中，"无穷大"这个概念也不能乱用。

比如，你现在还很年轻，对你来说，人生好像是无限长的。比如，你很难想象自己变成一个老人是什么感觉。你可能觉得，"变老"的那个时间点距离自己似乎有无限远，简直就不会到来。

可是，当我们的头脑中出现"无穷"概念时，就要注意了，因为我们没有办法真正地理解"无穷远"的概念。所以当我们说"人生还有无限长"时，并不是在对人生做出一个客观的判断，我们只是在拒绝思考，是在用逃避的方式拒绝规划未来。

比如，在放暑假的第一天，如果我们认为"接下来的假期时间有无限多，时间怎么都用不完"，我们就不会去规划假期的时间，等到假期快要结束时才开始着急作业没有写。

再如，小的时候我们会幻想，将来长大以后一定要有一番成就：当明星、科学家或者成为一个大商人……总之未来肯定很华丽。可是，如果有人再追问当时的我们："你准备几岁去当明星？""当明星分几步，你准备怎么一步一步地实现你的梦想？"我们可能就说不上来了。因为小时候的我们会觉得人生无限长，有的是时间，长大了再说嘛。

那么，我们怎么能恢复对人生的时间概念呢？很简单，我们可以把"无穷多的时间"变成"有限的时间"。

你可以试试做这样一个思想实验：

找一个安静的时间，拿出一张纸和一支笔，做一个假设：假设很不幸，你接到了医院的一个通知，说明年的这个时候，你的生命就结束了。

那么想一想，在接下来这一年的时间里，你打算做什么。把你想做的每一件事，一件一件地写在纸上，做一件事情需要多少时间，这个日程也要写下来，写一份非常认真的计划。

等你把这张纸写完之后，很不幸，你又接到一个通知：对不起，没有一年的时间了，只剩下一个月的时间了。天哪，那简直是晴天霹雳。等你冷静下来，看着面前的这张纸，你觉得自己应该怎么修改这份计划呢？

等你修改好后，很对不起，你再次接到通知，现在只剩下 24 小时了。到明天的这个时候，你就没有时间了。

那么，你怎么安排这最后的 24 个小时呢？

这个思想实验的目的，是让你一遍又一遍地碰触到人生的时间边界，一遍又一遍地体验"时间有限"是一种什么样的感觉。有了这种体验，未来在你心中可能就不再是"有无限多的时间，多到无法思考"。你对人生的看法，可能就会和之前不一样了。

下一讲，我们来讨论一个非正常的问题：如果我是一个特别特别富有的人，且一辈子都不用工作，那我还需要学数学吗？

△ "无穷大"

本文中的"无穷大"指的是"实无穷"，指那些可以完全确定的但所包含的个体总量并非有穷的实体。

魔法学校里会上数学课吗？

量化

◉ 本节覆盖基础课程知识点

一年级数学 | 认识人民币

三年级数学 | 万以内的加减法

四年级数学 | 计算商品价钱

四年级数学 | 自然数和整数

四年级数学 | 统计和决策

在前几节中，我们介绍了一些和数学有关的思维工具，如离散和抽象。后面，我们还会介绍更多的思维工具。不过我想先问一个问题：我们为什么要学这些数学思维？

你可能会回答："学习数学思维能够提高数学成绩，能够帮我考高分。"

你回答得没错，但是我们设想一个非常极端的情况：如果你的家里很富有，你一辈子都用不着工作，你可以天天从早玩儿到晚，那你还需要学数学吗？

应该不用吧？就像我们不用学习物理学，也可以使用手机一样，我们有很多办法可以享受数学的成果，却不一定亲自学习复杂的数学。

比如，我们在看各种新闻节目时，看到的数据往往不是直接的数字，而是一个图表，如柱状图、饼状图。这就是因为，新闻节目的制作人也知道人类不喜欢理解数字，所以就把数字变成了一目了然的图表。我们不学数学，直接看图表上图饼的大小、折线图的走势，也能找到这些数字代表了什么意思。

甚至如果我们特别富有，还可以雇一个助理，让他替自己分析所有的数据，无论是金融新闻还是财务报表，我们都不用自己看。我们就坐那儿说："你就告诉我，今天发生了什么事，这些数据意味着什么？你用大白话说给我听。"这么一来，我们就不用接触数字了。

照这么理解，似乎在日常生活中所有和数学有关的工作都可以让别人代劳，只要足够富有，就可以不用学数学。

但真的是这样吗？

有了魔法，是不是就可以不学数学了？

我们这次换一个设想，假设我们穿越到一个魔法世界里。就像《哈利·波特》中描述的那样的魔法世界，在这个世界里有一种魔法叫作"自动算数学"。我们所有遇到的数学问题，只要用这个魔法立刻就能算出得数，那你说，我们还用学数学吗？

似乎不用学了吧？那我们想象这么一个场景：

假设在这个魔法世界里，有一个学生叫罗恩。他的零花钱很少，但是他特别想要一个新的宠物。于是他去了宠

罗恩只能借助数学工具，才能决定要不要买这只宠物。

物商店，看上了一个宠物。他问老板："这个宠物多少钱？"老板报出了一个价格，比如100元。

罗恩一看兜里的零花钱，有足足150元，那买得起。

可是，兜里的零花钱可不光是用来买宠物的，罗恩还想买别的东西。在他的购物清单里，还有糖果、玩具，他还得留下一些钱，等到圣诞节的时候给父母买礼物。那么这个标价100元的宠物，对他来说该不该买呢？

我们现在的问题是：那个自动算数学的魔法能不能解决这个问题？它能不能告诉罗恩，这100元钱的宠物该不该买？

就算我们的魔法能计算，它也只能告诉你，那只宠物100元钱的价格，小于罗恩拥有的150元钱，所以罗恩买得起。但是计算结果无法告诉罗恩，这个东西该不该买。因为我们对一个商品价值的判断是主观的，这个主观的判断，是别人无法替代的。

罗恩在这里遇到的问题是，他必须判断，每一个不同价格的商品——宠物、糖果、玩具、圣诞节礼物——对于他的吸引力到底有多大。这个"吸引力"是个主观判断，这个问题只有罗恩自己才能回答，别人没有办法替他想出答案。

但是罗恩的"自己回答"，也不能是胡乱瞎猜。因为他面临的选择太多了：宠物有那么多种，糖果和玩具也有那么多种，每一种选择对他的吸引力都不一样，价格也不一样。把这些选择放到一起排列组合，产生的可能性无穷无尽。光靠自己瞎想，根本就没有办法想清楚。罗恩必须借助数学工具，才能把这事儿想明白。

罗恩要做的，是把每一个东西对自己的吸引力，打上一个分数。用这个分数除以商品的价格，就是这个商品对于他本人的"性价比"。性价比越高的商品，就越值得购买。

谁能帮我做出决策？

这个例子告诉我们，即使在魔法世界里，也还是要学习数学的。至少，我们只有拥有"用数字打分"的能力，才能够在买卖东西的时候进行决策。

这个"用数字打分"的能力，用数学思维的话来说，就是把一个事物"量化"。把原本不是数字的东西变成数字。有了这个"量化"的本领，我们就可以把原本模糊不清的东西，换算成清晰的数字，便于我们权衡利弊，做出决策。

实际上，世界上一切复杂的选择，都需要我们用类似的办法帮助自己思考。对于前面的提问，如果我们足够富有，还需要学习数学吗？答案是"还需要"。因为即使我们有了这个"量化"的本领，我们就可以把原本模糊不清的东西，换算成清晰的数字，便于我们权衡利弊，做出决策。

的金钱是无限的，时间和精力也还总是有限的。面对众多的选择，我们还是要考虑该怎么分配有限的时间和精力。如果我们没有量化的思维习惯，而只是凭着性子想一出是一出，那么就要自己品尝荒废时间的苦果。

假设我们实在不愿意自己做出决策，那么其实也没有关系。因为在这个世界上有很多很多的人，想要替我们做出决策。

比如，关于"一个东西值不值得买"这件事，就有好多人想要替我们做决定，他们叫作"广告商"。我们想要买的各种商品，都被他们用诱人的画面印在海报上：食品印得让人垂涎欲滴，服饰印得时尚酷炫，家居用品印得温馨舒适。还有巨大的文字告诉我们，这个产品有多么高级，多么先进，它的价格又是多么便宜……

再如，好多亲戚和朋友也愿意替你做决策。有的亲戚说，过日子要勤俭节约，买贵的东西太浪费，能不买就别买了。有的亲戚说，过日子怎么能没有某某呢？不行，必须买！朋友说，这个东西特别好，有了它你就跟我们有了共同的话题，你就会被大家羡慕了！

所以，如果我们不借助数学工具帮助自己做出决策的话，那么我们人生中的各种选择，早就有很多人替我们选好了。

有很多人都是这样过了一辈子：他们小的时候听父母和老师的话；到了青春期，他们听朋友的话；上了大学以后，他们听媒体和偶像的话。什么视频最火，他们就去看什么；什么话题最热，他们就讨论什么；什么东西最热门，他们也一定要买一个。他们浑浑噩噩地生，浑浑噩噩地死。在这个世界上，很多人过的都是这样的生活。他们觉得也挺好。

那么，你愿意过这样的生活吗？

下讲预告

　　下一讲，我们来讲一个人类所有的思维方式中最严谨的思维工具。只要使用了这个工具，我们就不会出一点错。这种神奇的工具到底是什么呢？

学科辞典

　　△"量化"

　　将信号幅度或其他物理量以离散值来表示的过程。

逻辑思维

如何说服妈妈给我自由？

演绎推理

> ◉ 本节覆盖基础课程知识点
>
>
>
> 二年级数学 | 数字的运算
> 二年级数学 | 推理
> 七年级数学 | 推理和证明

这一讲，我来聊一聊逻辑学。这门学科的特征是，它会涉及很多的"因为"和"所以"。

"因果关系"和"演绎推理"

说到"因为"和"所以"，咱们都熟悉。我们在生活中，经常会用到"因为"和"所以"。比如，我们可能会说："因为"早晨堵车，"所以"我上学迟到了。

上了初中后，要开始学习证明题。证明题里也有很多"因为"和"所以"。我们在写证明题时，经常会写："因为"

什么，"所以"什么，又"因为"什么，又"所以"什么，最后证明出了什么。

可是你要注意了，前面这两个例子里，虽然都有"因为"和"所以"，但其实说的不是一件事。

"因为"堵车"所以"迟到，这里的"因为"和"所以"，表示的是"因果关系"。也就是说，"早晨堵车"是导致"上学迟到"的原因。

而证明题里那一行一行的"因为"和"所以"，表示的不是因果关系，而是"演绎推理"的关系。

"演绎推理"和"因果关系"是完全不同的两件事。简单地说，我们在数学里接触不到因果关系，接触的数学知识都是演绎推理。

那么，到底什么是"演绎推理"呢?

什么是"演绎推理"?

一个典型的演绎推理是这样的:

已知命题 A 是真的，所以命题 B 也是真的。

比如，已知"世界上所有的乌鸦都是黑色的"，那么我们就可以通过演绎推理推导出，"我见到的下一只乌鸦也是黑色的"。

演绎推理的特点是，它的推理过程是绝对严谨的。

只要我们正确地使用演绎推理，那它就绝对不会出错。

可是，我们仔细地想想刚才说的例子："已知命题 A 是真的，所以命题 B 也是真的。"这里的命题 A 和命题 B，不是一个命题啊。那凭什么前一个命题是真的，就能保证后一个命题也是真的呢？

唯一的可能性是，后一个命题的真实性包含在前一个命题里面。

打个比方，如果我们把命题 A 想象成一个圆，那么命题 B 一定要包含在命题 A 这个大圆里面。B 绝对不能超过 A 的范围。只有这样，我们才能拍着胸脯保证 B 是可靠的。

在这种情况下，我们从 A 推理到 B 的过程就是演绎推理。

那你很快就能意识到一个问题：按照演绎推理的原则，这么一步步地推理下去，这个命题的圆只可能越推理越小，不可能越来越大啊。

没错，这就是演绎推理的特点：它绝对严谨，但是它的代价是，每一次推理出的结论，都全部包含在前面的命题里。我们通过推理一步步得出的知识，只可能越来越少，不可能越来越多。如果在推理中发现了新的知识，那就说明我们推理错了。

换句话说，演绎推理的本质是：它改变了知识的表现形式，并没有创造新的知识。

演绎推理的本质是：它改变了知识的
表现形式，并没有创造新的知识。

辩论的秘诀是什么？

不过，仅仅是改变知识的形式也是很有用的。

你想过没有，大人在日常生活中为什么要辩论？大人的岁数那么大了，很多最基础的价值观早已固定，一般很难通过一场辩论去改变对方的价值观。那大人为什么还辩论呢？

答案是：大人辩论的目的，往往不是要改变对方的价值观，而是要从对方已经有的价值观里，用逻辑推理出一些对方没有想到的结论。

举个例子。假设刚放假的第一天，你很高兴，正准备享受一个美好的假期。结果你刚在沙发上躺了一会儿，妈妈就走过来，拿出了一张表格，跟你说假期安排。原来，妈妈把你的整个假期已经都安排好了，如每天几点干什么，哪天补习、哪天休息等。

我们可以利用演绎推理的方法，与妈妈"斗智斗勇"。

你当然不开心。但是你该怎么说服妈妈让她允许自己支配时间呢？

你能不能直接去改变妈妈的价值观呢？比如你说："妈妈，人人都是自由的，当家长的就不允许管孩子，你管我是错的。"如果你这么跟妈妈说话，妈妈多半接受不了。因为她如果相信这一点，那一开始就不会制订这个计划。

我们不妨换一种办法，试着从妈妈已经坚信的价值观里，推导出一些她暂时还没有想到的结论。

比如，你可以这么跟妈妈说："你是不是希望我成为一个坚强独立的人？"妈妈当然会说："是。"

你再问妈妈："一个人坚强独立的性格是不是应该从小培养呢？"妈妈会觉得也对。

好，你接着说："那妈妈您看，这个长假就是培养我独立自主的好机会。在我整个的童年时光里，除了长假，你还能找到另一段可以让我自己来支配的时间吗？假期里的学习压力没有那么大，就算我在假期里面没有安排好时间，但损失也不是很大呀！如果不利用这个机会锻炼我安排时间的能力，那么将来等我到了大学，突然没人监督了，那不是更危险吗？"

妈妈一听，会觉得好像挺有道理的，是吧？

你看，在这个过程中，妈妈的价值观并没有改变，她还是相信父母应该管孩子。但是你通过演绎推理，从她相信的价值观出发，得出了一个她之前没有意识到的结论，这就是用逻辑来说服对方的办法。

辩论的秘诀，就是利用演绎推理的方法，替对方变换真理的表现形式，得到一些对方原本没有意识到的结论。

下讲预告

　　下一讲，我们来讲一讲演绎推理在人类知识体系中的应用。演绎推理既然是绝对严谨的，那么用这么严谨的工具，可以建造出什么样的世界呢？

学科辞典

　　△ "演绎推理"

　　演绎推理，是前提与结论之间有必然性联系的推理，或前提与结论之间有蕴含关系的推理。

公理是"公认的道理"吗?

数学公理

你听说过"公理"吗?你在学校里可能学过这个词。我们在数学课上就学过不少公理,不过这些公理看起来好像都"没什么意思"。

比如,几何课讲过一条公理,"两条平行线不相交"。我估计你会认为,这不是理所当然的吗?因为平行线的定义就是两条不相交的直线啊。这公理说了就跟没说一样,那它有什么用呢?

这一讲,我们就来讲一讲公理。

"公理"与"定理"的区别

其实，我们在数学课上接触最多的不是公理，而是另外一个东西，叫作"定理"，比如"勾股定理"。做题时，我们用得最多的也是定理，而很少用到公理。

定理和公理有一个很大的区别：定理是需要证明的。比如，课本在介绍完一个定理后，有时会讲关于这个定理的证明过程。可是，课本从来不会介绍公理的证明过程，因为公理是不能被证明的。就比如，课本从来不会证明两条平行线为什么不相交，课本只会告诉你，平行线就是不相交的。

如果你是一个特别喜欢较真的学生，那么你可能会问老师："既然课本不证明公理，那凭什么说公理是正确的呢？"

有的老师或许会这么回答："所谓的公理，就是大家公认的道理，既然是大家都公认的，那当然就不需要证明了。"

其实，老师的这句话说错了。因为数学不是政治，数学公理的成立与否，不能靠人们的投票来决定。

举一个例子。

假设你的数学老师突然穿越到了中世纪的欧洲。那个时代，教会控制了社会上的一切事情。你的老师穿越过去之后，还是数学老师，还要去教数学。可是，那时没有普

数学公理与数学定理

通的中学，他只能去教会学校里教数学。假设这天，你的老师正在教"平行线不相交"。教到一半，校长突然进来了。校长对数学老师说："你先别教了，教会刚刚宣布了，我们得到神灵的启示，平行线其实是相交的，这才是真理。以后你不许再讲'平行线不相交'，你得改成'平行线相交'。"

假如发生这种情况，你说你的数学老师会有什么反应？他可能有两种反应。

第一种反应是妥协。好，您是校长，那您说什么就是什么，我马上改成"平行线相交"。老师的这个反应，就完美地符合了他对公理的定义，也就是"公理是大多数人承认的道理"。因为那个时代是中世纪的欧洲，人人都信教会，只要教会说"平行线相交"，大多数老百姓就都会相信"平行线相交"。那这时"大多数人承认的道理"，也就是"平行线相交"了。

但是，你的老师可能还会有第二种反应。

他听了校长的话后，对校长说："对不起，不管您说'平行线相交'，还是教会说'平行线相交'，我都不相信。我相信'平行线不相交'是真理，你可以开除我、审判我，但是真理不会变。"

你说，这两种反应，哪一种能够推动数学的发展呢？

只有后一种老师，才可能成为一个真正的数学家。因为他相信的是真理，而不是权力。

数学公理是什么？

既然数学公理不能靠人多人少来决定，那数学公理到底是什么呢？

我们想想刚才那个反抗校长的老师，当他对校长说"就算你们审判我，我也不改口"时，在他的心目中，数学公理就是绝对正确的真理。

那你可能还会问，什么叫"在他心目中"的真理呢？所谓"真理"，应该是不管老师是否相信，都不会改变的东西。哪怕整个宇宙毁灭，真理都应该是正确的。就比如我们的初中课本，在介绍公理时有这么一句话："公理是基本事实"，这不就是不会变的绝对真理吗？

在过去很长的一段时间里，大多数西方思想家都是这么想的。他们都认为，类似于"平行线不相交"这样的几何公理，就是绝对正确的客观真理。

但是到了 19 世纪，数学家们发现了另一种几何。在这个几何里，平行线是可以相交的。这个几何的规则和我们学过的几何完全不一样，叫作"非欧几何"。这个"非欧几何"也可以反映客观世界，也是有用的。

那你说，"平行线不相交"是绝对正确的真理吗？不是的。平行线可以相交，相交后，还可以用来解决新的问题。

那么，公理到底是什么呢？

我们可以把公理看成是"一些人"相信的真理。也就是说，公理不是绝对正确的，但是有一些人相信它是绝对正确的。

公理可以被看成是游戏规则

你可能有点糊涂，没关系，我再举一个现实中的例子。

在现实中，有没有哪些东西虽然它不一定是绝对正确的，但是有很多人相信它是绝对正确的？

价值观就是这样。我们在生活中常常可以看到一些人因为价值观的问题吵起来，俗话叫"三观不和"。比如，到底"什么是公平""什么是正义"，有些人坚持完全不同的观点。他们都坚信自己是正确的，别人应该认同他，可是大家吵了半天，谁也说服不了谁。这些不同的价值观，就是"不是绝对正确的，但是有一些人相信它是绝对正确的"。

那你可能会说，既然数学公理不是客观真理，每个人都可以自己选择相信还是不相信，那么，我选择和课本不一样的公理会怎么样？我就相信"平行线能相交"，考试的时候我就这么写，老师凭什么判我错？

回答是，你当然可以选择相信不一样的公理。但是，就像我们不和"三观不一样"的人玩儿一样，公理其实可以被看成是一套游戏规则，我们只有使用同一套规则，才能一起讨论数学问题。为什么在课堂上，我们必须相信课本和老师相信的公理——"平行线不能相交"？因为课堂是一个需要交流的场合，我们要回答老师提出的问题，我们要写课本上的习题，我们要给老师交作业。只要交流，我们就必须符合课本默认的数学公理，否则就等于违反了游戏规则，回答问题老师会说我们错了，写试卷也会被扣分。而在另外的场合，如在自己学习数学，或者阅读非欧几何的著作时，我们就可以相信其他数学公理，而不用担心有人说我们犯规。

下讲预告

我们说了，公理不是唯一的，那不同的公理之间可以比较吗？下一讲我们就来聊一聊，评价公理的标准是什么。

学科辞典

△"公理"

公理，即能用来作为某种科学论证的原始的、不需要加以证明的命题或原理。

这一讲所说的"平行线公理"，指的是欧氏几何的第五公设。第五公设的一个推论是："过已知直线外一点，只能画一条直线和已知直线平行。"

数学家罗巴切夫和黎曼分别做了两个假设：一个是过直线外一点，能画出不止一条平行线；另一个是过直线外一点，一条平行线都画不出来。根据这两个假设，产生了两种非欧几何。

为什么课本说的就是对的？

公理系统

四年级数学 | 平行线

七年级数学 | 平行公理

七年级数学 | 命题和定理

高 中 数 学 | 数学公理与数学定理

在上一讲，我们说公理不是绝对正确的真理，每个人可以选择相信不同的公理。既然存在不同的公理，那么公理之间能不能分出好坏呢？什么算是好的公理呢？

为什么地球一定是圆的？

我要交给你一个任务。假设这天你到亲戚家玩儿，亲戚家有一个小弟弟。你的亲戚想让你教小弟弟一点儿知识，让这个小弟弟认识一下什么是宇宙，什么是太阳系。

听起来好像不是很难。于是，你把这个小弟弟叫过来，对他说："我们生活的地方，叫作地球。地球，是一个圆圆的球……"

刚说到这里，小弟弟突然插嘴："不对不对，地球不是圆的，我看见大地是平的。"

咱们讲的第一步就卡住了。可是，如果不说清楚"地球是圆的"，那么后面的内容都讲不下去啊。于是你只能耐着性子说："地球其实是圆的，你看书上的这张图……"小弟弟立刻反驳说："不对，书上的这张图不算数，俗话说'眼见为实'，我就相信我亲眼看到的大地！"

你说："在生活中，也有可以亲眼看到的地球是圆的证据。比如，古希腊人观察海平面，发现远航而来的船只，都是先从海平面上露出船的桅杆，然后才慢慢露出船身……"弟弟说："我没去过海边，也没观察过海平面！"

你说："再如日全食……"他说："我也没见过日全食！"

这课简直就没法上了啊。这个小弟弟坚持不相信"地球是圆的"。假如他不相信这一点，那么整个关于太阳系、关于宇宙的课，就全都没有办法教了。可是，我们怎么向一个普通人证明"地球是圆的"呢？

科学家当然有很多办法来证明。可咱们普通人没有那么多精力研究自然现象，咱们自己也没有亲自证明过地球是圆的。那一般人到底为什么相信"地球是圆的"呢？其实很简单，是书本、电视、科学家和学校告诉我们宇宙是什么样，我们就相信是什么样。对于我们大多数人来说，"地球是圆的"其实是个不需要去证明的基本事实，就类似于数学中的"公理"。

为什么地球一定是圆的？小弟弟不相信怎么办？

可是，既然公理不需要证明，那我们为什么会选择相信一部分真理，而不相信另一部分呢？

就好比，那个小弟弟可以"理直气壮"地问你："如果我对宇宙不感兴趣，不当科学家，为什么不能相信地球是平的呢？"

我们也可以"理直气壮"地问老师："如果我不参加考试，不想拿名次，那我为什么要相信书里写的东西都是对的呢？既然公理可以有好多种，那么我讲出来的话，是不是也是一种真理呢？"

什么是"定理"？

要回答上述这个问题，就要涉及另一个概念："定理"。

定理，就是通过演绎推理，从公理中推导出来的规律。

我们在前面介绍"演绎推理"时说过，演绎推理没有产生新的知识，而仅仅是把原来的知识变形。定理也是一样，定理是从公理中演绎推理出来的，并没有产生新的知识，定理只是公理的变形。

公理和定理之间的关系，可以打一个比方：公理就好像一棵大树的根，通过演绎推理，从这个大树的根部长出了树干和枝叶。它们越长越多，越长越茂盛，最后就变成了一棵大树。这棵树上的树干及枝叶，就是定理。

定理，就是通过演绎推理，从公理中
推导出来的规律。

　　这棵树的树根，也就是我们选择相信的公理，它们的
数量一般不止一个。这些公理合在一起，有一个名字，叫
作"公理系统"。

　　如果我们不相信课本里的公理，而随便相信别的公理，
那会发生什么事呢？这就好比，课本里已经有一棵"公理
系统"的大树了，现在，我们要去改动这棵大树的根。那
么只要我们一改动大树的根，整棵大树就会有一大部分枝
叶都跟着变化。于是，我们通过修改这棵大树的根，得到
了一棵新的大树。

　　在改动了大树后，我们需要对这棵新树做一个检查，
要检查这棵新树上的枝叶，有没有互相打架的地方。不能
出现这样的情况：某一个树枝用一个方法推理出来的结果，
应该长苹果；用另一个方法推理出来的结果，应该长桃子，
这不就矛盾了吗？用学术一点的话说，修改一个公理系统
之后，我们必须保证推理出的所有定理，不能互相矛盾。

也就是说，一个公理系统，必须保证逻辑自洽。

其实，如果这棵大树只是从一个公理里生长出来的，那它的枝叶不会自相矛盾。但是，在大多数情况下，我们不可能只相信一个公理，因为一个公理根本不够用。我们一定会同时相信一堆公理，这个时候，随便修改其中的一条公理，就很容易自相矛盾。

就好比刚才的小弟弟，他的生活中有很多东西是没法被证明的，这些不需要被证明的知识，就是对他而言的"公理"。比如，他坚持相信"地球是平的"。另外，他每天还要上网看动画片，所以他还相信，只要一打开视频软件，就一定能看到网上的动画片。

这个"看动画片"和"地球是平的"，看上去是无关的两件事，所以小弟弟可以同时相信它们。但是只要我们从这两个前提中进一步推理，就会发现矛盾：互联网之所以能够随时随地向我们播放动画片，是因为它利用了卫星通信技术，而卫星只有在"地球是圆的"前提下，才可能存在。所以小弟弟认为"地球是平的"观念看上去无关痛痒，实际上在他心中的公理大树上的某一片枝叶里，已经造成了矛盾。在未来的某一天——比如家里上不了网，他不得不去琢磨通信原理的时候——这些矛盾就会给他带来困扰。这个小弟弟相信的"公理系统"，其实是逻辑不自洽的。

好的公理系统能帮助解决问题

我们刚才说，公理系统必须保持逻辑自洽。但是，这个逻辑自洽只是一个最低的要求，光有逻辑自洽还不够。一个好的公理系统，还要满足第二个要求，即必须能够帮助我们解决生活中的问题。

为什么呢？我们在上一讲曾经有个比喻，说公理就像游戏规则，你跟我玩儿的游戏规则不一样，我就不带你玩儿。那你想一想，游戏规则是用来做什么的呢？游戏规则当然是用来玩儿游戏的。而游戏最基本的要求，是它必须得好玩儿。

我们可以随便设计一个游戏规则，它是逻辑自洽的，但是它不一定好玩儿。比如，我们可以设计一个游戏，让小朋友们比赛踢球。谁能把足球踢到外太空，谁就能赢。这个游戏规则是成立的，也没有自相矛盾，但是它不好玩儿——谁都不可能把球踢到外太空。

那这样的游戏规则，就是一个失败的规则。

同样的道理，我们可以随便设计一个逻辑自洽的公理系统，但如果在这套规则下，我们什么事情都做不了，那这个公理系统就是失败的。

所以，当小弟弟对我们说"我就相信地球是平的"时，我们可以这么回答他：首先，"地球是圆的"和我们相信的一个公理系统，首先它必须逻辑自洽，其次它可以改善我们的生活。这样就是一个好的公理系统。

其他公理是逻辑自洽的。其次，相信"地球是圆的"对我们的生活很有帮助。

比如，我要是想坐飞机去美国，如果我不相信地球是圆的，那么我们就只能从一个方向去美国，只能跨过太平洋，而不可能从大西洋的方向去美国。那买机票的时候，就会少了很多选择。

再如，我们只有相信"地球是圆的"，才能看得懂所有和地理学、天文学有关的科普书和纪录片，也才可能安心地欣赏科幻电影。否则科幻片里只要出现一个地球的全景地图，就会让我们困惑不已：这个电影拍得不真实，我没法看了呀。

再者，如果我们坚持相信"地球是平的"，那么我们的观点就和地球上绝大多数人不一样。这就意味着，世界上所有的科学家，所有的书籍、地图，所有的飞行员、航海家，全都约好了一起来骗我。那也就意味着，我生活在一个非常可疑甚至可怕的世界里，我忍不住要怀疑，到底有哪些我熟悉的知识，也是别人策划出来的阴谋。那么我几乎没有办法相信任何东西，甚至根本没法正常生活。如果我们不愿意过这样的生活，那还是相信"地球是圆的"比较好。

好，现在我们可以回答一开始的问题了：公理可不可以分好坏呢？

答案是可以的。一个公理系统，首先它必须逻辑自洽，其次它可以改善我们的生活。这样就是一个好的公理系统。

 下讲预告

下一讲讲讲我们最喜欢的偶像是怎么影响我们的生活的。和数学又有什么关系呢？

学科辞典

△ "定理"

定理是公理体系中的一种命题，即根据公理或其他已知为真的命题，经过逻辑推理而证明其为真的命题。

△ "公理系统"

公理系统是从一些初始概念和公理出发，根据演绎法推演出一系列定理，从而构成的系统。

模型思维

偶像是怎么影响到我的?

数字模型

◉ 本节覆盖基础课程知识点

一年级数学 | 找规律
三年级数学 | 正整数
高 等 数 学 | 数学模型

你可能感觉到了,数学是一种特别理性、特别冷静的学科。我们很难用数学公式写一首诗来表达我们对这个世界的感情。可是,我们生活在一个感性世界里,需要用数学工具来解决感性世界中的问题。那么,是什么东西把理性世界里的数学和感性世界连接在一起的呢?

这就是在这一讲中,我要和你们聊的思维工具——模型。

生活中的数学模型

我们在成长的道路上,会遇到一些偶像。因为觉得这些人太优秀了，所以特别崇拜他们，想要模仿他们。

这个"模仿偶像"的过程，具体来说可以拆成两步。

第一步是观察。我们尽可能地观察这个偶像，去看他的一举一动，看他怎么处理每一件事。

第二步是模仿。当我们自己遇到一个情况时，可以想象一下我的偶像会怎么处理这件事，然后去模仿他。

举一个例子。比如，我特别崇拜一个明星，我觉得他的举止特别有教养，待人非常谦和，这个优点我一定要学过来。有一次我和朋友吵架，本来想大吵一通的，可就在

模型思维：与朋友发生冲突，想象一下这时我的偶像会怎么做？

这时，我突然想起偶像来，于是提醒自己，如果是我的偶像和朋友发生了冲突，他会怎么做呢？我的脑海中闪过了我的偶像的举止。于是我就模仿偶像的样子，彬彬有礼地回应朋友。

在这个过程中，最重要的是这么一瞬间：我去想象"如果是我的偶像在吵架时他会怎么做"。

可是这里有个问题，这个场景是我凭空想象出来的。我并没有亲眼见过偶像吵架，而且即使见过偶像吵架，那个情景和我此时跟朋友吵架的情景也不一样。那么，我明明没有亲眼见过，为什么还能够想象出偶像的反应呢？

奥秘就是，我们在观察偶像时，学到的不是偶像具体的某一句话、某一个动作，而是他们处理某一类问题的"行为模式"。这个"行为模式"就是我们今天要说的"模型思维"。

简单地说，"模型"就是我们总结出来的，关于某些事情的模式或者规律。比如，大人经常说的"人生经验"就是各种解决问题的"模型"。我们储备的这种模型越多，在面对陌生问题时就越知道该怎么办，也就越成熟自信。

"数学模型"到底是什么？

我们平时使用的模型都是用语言来表达的。比如，我

> "模型"就是我们总结出来的，关于某些事情的模式或者规律。比如，大人经常说的"人生经验"就是各种解决问题的"模型"。

们平时说的"人生经验"，都是用语言说出来的。这些日常语言有一个缺点：它们是模糊的、不精确的。

比如，我们在和爸爸妈妈讨论人生经验时，他们有时会说："这事儿啊，你得注意分寸。""这么做可以，但是别太过分。"我们可能会很困惑："注意分寸"到底是什么分寸？什么叫"太过分"，什么又是"不过分"呢？

我们之所以困惑，就是因为日常用语在表达程度时，总是模糊的。我们做饭时，说盐要"少许"，要"适量"，要"再多一点点"。这些词到底代表了多少，我们还是不知道。

那什么样的表达是精确的呢？就是数学。如果我们不说"适量"，而说"5克"，就变成了精确的表达。同样的道理，用日常语言组成的模型太模糊，如果我们改成用数学语言来表示模型，那就是"数学模型"。

比如，我们前面讲过的那个原始人数水果的例子。原本他用手"比画一下"来记忆水果的多少，这个"比画一下"其实也是一个模型，但它是模糊的。原始人改成用数数的方式计算水果数量，这就变成了一个"数学模型"。这个模型相对"比画一下"，就是精确的。

再如，我们前面讲过的，在魔法世界里罗恩买东西的例子。一开始，他不知道怎么分辨哪个商品值得买，这时每一个商品对他的吸引力都是模糊的。后来，他学会给每个商品的吸引力打上一个分数，这个打分的过程，就是他在为自己买东西这件事建立一个"数学模型"。有了这个模型，商品的吸引力就变得清晰精确了。

更典型的例子是考试分数。我们知道，一个人的真实能力其实非常复杂，我们哪怕用上几百个字，都很难准确描述一个人的能力。那么，为什么我们要用一个孤零零的考试分数来评价学生呢？这就是因为，用数字表达的考试分数，比语言更精确清晰。不同的老师因为语言习惯不同，可能对一个同学会用不同的文字描述他的能力。但是分数的标准是固定不变的，任何一个老师只要看到试卷分数，就可以知道这个同学在考试中的表现。只要我通过了一场权威考试，有了分数，那我不需要解释，就可以向任何一个老师证明我的成绩。这就是数学模型的好处。

推而广之，日常生活中测量温度、计算日期，在游戏中计算战斗力，乃至于在日常生活中接触到的一切数字，都是在用数学模型帮助我们解决问题。这些数学模型让我们的生活变得更加方便。

下讲预告

　　你喜欢看推理小说吗？下一讲，我来告诉你推理小说中的秘密。

学科辞典

　　△"模型"

　　在自然辩证法中，模型指模拟原型（所要研究的系统的结构形态或运动状态）的形式，是系统或过程的简化、抽象和类比表示。它不再包括原型的全部特征，但能描述原型的本质特性。

　　△"数学模型"

　　针对或参照某种事物系统的特征或数量相依关系，采用形式化数学语言，概括地或近似地表述出来的一种数学结构。

当然，模型远不止"数学模型"这一种。比如，古希腊哲学家说万物都是由四种元素组成的，物体中含有的土元素越多，下落速度就越快。这也是一种解释世界的模型。

我们在平时的生活中，最常用的不是数学模型，而是日常语言构建的模型。比如，我们聊天时会说："这人厚道。那人太小心眼儿。"这个"厚道""小心眼儿"，就是用语言表示的模型。我一说"厚道"这个词，你马上就能联想起一堆特征，能想象出这个人平时为人处世应该是什么样的。这就是模型的用处。

大侦探靠什么抓到凶手？

溯因
推理

◉ 本节覆盖基础课程知识点

一年级数学 | 找规律

二年级数学 | 推理

高 中 数 学 | 合情推理

高 等 数 学 | 数学模型

　　你喜欢看推理故事吗？推理故事中有一种经典的故事类型，叫作"本格推理"。这是一种特别注重解谜过程的推理故事。

　　一个典型的本格推理故事是这样的：有一群人来到了一个封闭的地方，比如被大雪封住道路的山庄里。这些人被困住几天几夜，结果在他们中间发生了杀人案，而且犯罪现场非常怪异，人们都猜不出杀人犯是怎么杀人的。然后，我们的主人公逐渐发现了很多线索，他经过一系列的推理，最后灵光一闪，知道凶犯的杀人手法是什么了。他再根据这个杀人的过程，推理出了凶手是谁。

我的问题是，故事里的主人公是靠什么思维工具来找出罪犯的？

你可能会想到，既然都叫"推理"故事了，那这个思维工具肯定就是"逻辑推理"。没错，主人公使用的思维工具就是逻辑推理。但是这个推理不是我们前面介绍过的"演绎推理"，而是另一种推理，叫作"溯因推理"。

溯因推理

什么叫"溯因推理"呢？字面意思，就是"追溯原因的推理"。简单地说，就是我们知道了一件事情的结果后，还想知道导致这件事发生的原因，想给这件事找个合理的解释。这个思考的过程，就是溯因推理。

溯因推理和演绎推理很不一样。前面说过，演绎推理是绝对严谨的，推理出的结论一定包含在前提里。可是溯因推理不是。溯因推理不是绝对严谨的，它有猜测的成分，而且还可能会猜错。

比如，上课，老师让我们交作业，我跟老师说："老师，我作业写了，就是忘带了！"结果老师说："没带就是没写！"

这个"没带就是没写"，就是一个溯因推理。老师先知道了事情的结果即你今天没交作业，然后推理导致它的原因，最后老师推理出："没写作业"就是你没交作业的原因。

可是显然，这个推理很不严谨。我们真的有可能是写了没带，或者是别的原因导致今天没交作业。

那么，怎么提高溯因推理的正确性呢？一个常用的办法是多收集证据。一般来说，我们能找到的证据越多，推理的结果就越可靠。比如，在没带作业这个例子中，当老师说"没带就是没写"时，有的学生可能不服，他会顶嘴说："老师，你凭什么这么说？"

如果这个老师愿意讲道理，那他应该做的，是去寻找更多的证据支持他的结论。

比如，老师说："你是不是挺喜欢看球？昨天晚上是不是有欧冠决赛？最顶级的比赛一年就一回。我知道你是球迷，说实话，你昨天晚上看没看？"

这学生就是一愣。

老师又说："你要说你写了也行，那你告诉我，昨天作业的最后一道题是什么题？那道题你是怎么写的？你都不用做出来，你就说你是怎么想的就行。"

这学生又是一愣。

到这里，老师已经找到三个证据了：第一个是作业没交，第二个是昨天有球赛而且学生是球迷，第三个是学生说不出来最后一道题是什么。咱们单独看每一个证据，都推理不出来"作业没写"这个结论。可是把所有的证据放在一块,我们会觉得"作业没写"的合理性会比较高。当然,老师还是有可能冤枉那个学生,但是冤枉的可能性变小了不少。

所以,在推理故事中,大部分情节都是在向读者交代案件线索。因为只有线索多到一定程度,故事最后给出的答案才合理,否则读者会觉得这个故事没意思。

建立模型

推理小说还有一个特别的地方。

我们在现实世界中最常用的溯因推理方式,是先有假设,然后带着这个假设去找证据。比如,那个老师是先假设这个同学没写作业,然后再去找证据。如果这个同学什么都没干,老师上来就问:"你昨天看球赛了吗?"那这不叫找证据,这叫找碴儿。

可是推理故事不能这么写啊。不能让主人公一上来就说:"我认为 A 是凶手,让我们开始围绕着这个猜想去找证据吧!"然后整篇故事都在找证据,找到最后,主人公说:"证据收集够了,你们看,A 果然是凶手。"

这样的推理故事谁会看呢?一点儿悬念都没有。所以大多数本格推理故事都是把这个过程反过来:主人公先盲

用模型思维，最终找到了凶手

目地收集各种线索，直到故事快要到结尾时，他才灵光一闪："把所有的证据拼在一起，我知道凶手是谁了！"

更重要的是，在这个过程中，作者和读者一直在进行智力竞赛。一个好的本格推理故事，应该让读者看到足够多的线索，用这些线索已经可以推理出答案了。可是读者就是想不出来，偏偏故事的作者能想出来。

问题是，推理故事的作者是怎么做到这一点的呢？

秘诀就是模型思维。前面说过，模型就是我们根据收集到的经验，总结出来的关于某些事情的模式或者规律。

如果老师想知道学生为什么没有交作业，他首先就要收集证据：这个学生平时就不喜欢写作业；昨天晚上有球赛，这个学生是球迷；他不知道作业最后一道题是什么。在收集完全部信息后，老师要尝试建立一个关于"昨天发生了什么"的模型。老师发现，如果建立一个"这个学生昨天因为看球所以没写作业"的模型，正好可以解释目前收集到的证据。这个模型看上去是最简捷、最合理的，那么老师就可以用这个模型来解释学生的行为。

那么推理故事的技巧是什么呢？推理故事提供了足够多的关于犯罪事实的线索。但是它会超量提供线索，除了必要的线索，还会增加很多不必要的干扰项。这样会误导读者建立出错误的模型。对于那个让学生交作业的老师，如果他是一个联想能力特别强的人，他在调查学生时，可能会收集到很多不必要的线索。比如，老师脑海中突然闪过一条新闻："昨天半夜有个少年见义勇为救了一个小朋友，事后没有留下姓名。"又想起这个同学特别喜欢看英雄题材的小说，而且看到同学左手贴着创可贴，咦？那他该不会……

如果线索收集得太多，老师的联想能力又太强，那思路可能就会一路跑偏。

推理故事作者的方法，就是提供超量的证据，误导读者建立出错误的模型。而小说的作者当然知道哪些线索有用，哪些线索没有用。于是他就能比读者更准确地建立出模型。所以，我们在建立模型中要做的第一件事就是，去掉无关的信息，抓住最有用的信息。

推理故事的主人公之所以比读者更聪明，是因为他能成功地建立一个犯罪模型，而读者建不出来。所以推理故事真正的看点其实不是逻辑推理，而是怎么能建立出这个犯罪模型。因此本格推理最关键的地方，往往都是犯罪的手法。比如，有个案件看上去非常离奇，但罪犯到底是怎么实施犯罪行为的呢？或者罪犯是怎么掩盖自己罪行的呢？一旦主人公想到了犯罪的手法，那推理故事也多半快到结尾，后面也就没有悬念了。

下讲预告

下一讲，我们来研究地理问题：一个平面的世界地图和一个球形的地球仪，它们两个有什么区别，哪一个更好用呢?

 学科辞典

△"溯因推理"

"溯因推理"即"回溯推理"，是由关于某个已知事实的命题推出可导致该命题成立的理由的推理。

我们的世界地图错在哪儿了？

模型的优劣

> **● 本节覆盖基础课程知识点**
>
> 三年级数学 | 测量
> 六年级数学 | 比例尺
> 七年级地理 | 认识地图
> 九年级数学 | 中心投影与平行投影
> 高 等 数 学 | 数学模型

　　前面我们讲了什么是"模型"。对于同一个问题，我们可以建立出不同的模型。就像推理小说在答案揭晓之前，故事中的人物对于罪犯的犯罪手法会有好几种不同的推测，而且每一个推测看上去好像都合理。

　　那么，我们怎么分辨不同的模型，确定哪个更好？哪个更坏呢？

如何选择世界地图？

你知道世界地图的缺点吗？在地理课上你可能学过，在我们最常见的世界地图上，国家的大小被严重扭曲了，越靠近两极的国家，面积就显得越大。比如，在常见的世界地图上，俄罗斯的面积好像和非洲差不多大，但其实非洲的面积比俄罗斯大了一倍半都多。因为俄罗斯的位置靠近北极，在地图上被放大了。

那你有没有感到奇怪——地图最重要的不应该是准确吗？如果地图不能反映世界真实的样子，那要地图有什么用呢？为什么这么一张强烈扭曲现实的地图，却是我们今天最流行、用得最多的地图呢？

这个问题，需要我们用模型思维来回答。

我们回想一下原始人数水果的例子。

原始人想要记住面前的这堆水果，可是这堆水果有很多属性，如大小、重量、颜色、摆放的位置，如果把这么多属性全都记住，就太复杂了。那该怎么办呢？

上一讲说过，建立模型的第一步，是要去掉事物中无关的信息，只抓住最有用的信息。于是，这个原始人就把他觉得不重要的信息全都忽略掉了，只抓住一个他认为最重要的信息，就是"水果的个数"。他利用"个数"这个信息，建立了一个叫作"正整数"的数学模型，然后就可以

能用小水果去换大水果吗？哪里出了问题？

用这个模型来确定他到底有多少水果了。

这个过程没问题吧？

可是我们说过，数学是一门追求精确的学科，在刚才那个原始人建立模型的过程中，他有一步其实并不精确：就是他在选择"哪些信息重要，哪些信息可以忽略"的那一步。原始人并没有经过严谨的逻辑推理来证明，他凭什么认为"个数"这个信息最重要，凭什么能抛弃掉其他信息。当他自作主张地抛弃掉一些信息时，其实就等于让他手中的数学模型和现实世界有了距离。就比如原始人在数水果时，抛弃掉了"大小"这个属性。那么，如果我是一个狡猾的同伴，我可以事先藏好了一个小个儿的水果，然后等到这个原始人睡着后，用我手里的小水果去换他的大水果。第二天，原始人如果只靠数数，就发现不了我干了什么。

这就是模型的问题：模型没有办法绝对精确地反映客观事实。

什么是好用的模型？

在另外一些场合，我们就不能光用"正整数"来统计水果。如果我是一个水果公司的经理，要管理库存的水果，那我就不能只数水果的数量。否则没有办法防止经手的员工用"以次充好"的方式贪污。我应该使用更精确的模型，如用重量去描述水果，还要用抽查的方式来检查水果的品质。

换句话说，当我们的需求和测量技术发生变化时，同样都是描述水果，我从水果中选择的信息和原始人是不一样的。

也就是说，解决同一个问题时，我们可以选取不同的信息，从而建立出不同的数学模型。

那么，怎么判断不同的数学模型之间哪个好呢？比如，同样是描述水果，为什么有的时候用重量，有的时候用个数呢？

想想在日常生活中是怎么做的：我们平时买苹果，都是论重量买，一买就是多少斤，但是，等到吃苹果的时候，我们会论重量吃吗？我们会不会对朋友这么说："来，请你吃二两苹果。"不会的，我们只会说："来，请你吃一个苹果。"

可是，要换成葡萄呢？我们买葡萄的时候还是论重量，但是吃的时候不可能论重量，说"请你吃二两葡萄"；也不可能论个数，说"请你吃两颗葡萄"；我们会说，"来，请你吃这串葡萄"，这里又改成论串了。

那你想想，刚才这些描述之间的区别是什么呢？为什么有的时候论重量，有的时候论个数，有的时候论串呢？答案很简单：因为方便。

买水果的时候，我们需要知道具体的重量以免吃亏，而且卖水果的商人自己就有秤，称重量不麻烦，所以论重量方便；吃苹果的时候，我们的习惯是一次拿起一个来吃，所以称呼个数方便；吃葡萄的时候，我们的习惯是一次吃一串，所以我们就论串。

这个所谓的"方便"，换一个更严谨点的说法，就是用最小的成本可以实现我们的目的，也就是"实用"。所以选择数学模型的原则很简单，就看这个数学模型是不是实用，是不是能用最小的成本解决我们的问题。

地图，就是一种典型的数学模型。大千世界中的地理信息太多了，不可能把所有的地理信息都塞到一张小小的地图里，所以人们在制作地图时，一定要忽略掉一些信息。选用和忽略的信息不同，我们就能创造出不同的地图。

比如，一座城市的地图，我们需要画出这座城市的每一条街道，因为我们要用这张地图在城市里找路。如果是全国地图，那每座城市内部的街道信息，就都会被忽略掉，一个大城市只能画成一个小点。因为我们在城市之间旅行的时候才会用到全国地图，那些被忽略掉的信息并不会给我们带来不便。

所以，为什么今天我们最常用的地图扭曲了靠近地球两极地方的大小，我们还照用不误呢？那是因为我们生活的地方和地球两极的距离很远，对于我们普通人来说，这样的地图精度已经足够了。如果换成靠近极点地区的国家，如俄罗斯，那地图的投影方式就和我们平时使用的地图完全不同了。

 下讲预告

下一讲，我们来讲一讲几何：为什么同一个汉字，把它放大、缩小，甚至倾斜，都不会改变它表达的意思呢？

几何思维

人的眼睛看不出
什么东西？

几何
模型

你在学校里，已经学习过几何了，那么你知道几何学是用来研究什么的吗？

描述空间的数学模型

你也许会说："这个问题太简单了，几何学是用来研究图形的。"没错，我们在学校里学习的"平面几何"就是用来研究平面图形的，也就是研究所谓的"点、线、面"。在这些几何元素中，最基础的元素就是"点"。所有的几何图形都是由点组成的。

那"点"又是什么呢？老师是这么解释的：在几何学中，点只有位置，没有大小。

我们第一次听到这个解释时，可能会产生疑问："一个没有大小的东西，怎么能被画出来呢？"老师可能会这么回答："这个点是理论中存在的，它是虚构的。现实中并没有这样的点。"

可是我们刚才又说，"点"是几何学中最基础的概念。平面几何中的线和面，都是由点组成的。如果点是虚构出来的，那是不是所有的几何图形，都是虚构出来的呢？几何学研究的，全都是虚构出来的东西吗？

是的，我们可以把几何学看成是人们虚构出来的数学模型。

我们在前面说过，正整数就是一个数学模型，是可以用来描述事物多少的数学模型。那么几何学，就是用来描述空间的数学模型。

在建立数学模型时，人们会选择忽略掉一些信息。比如，原始人数水果时，忽略掉了水果的大小、颜色等信息，最后只剩下了水果的"个数"。那么人类在建立几何学时，忽略掉了空间里的什么信息呢？

这个问题看着简单，其实关系到几何学的本质是什么。我们把这个问题放一放，先回答另一个问题："几何学是研究什么的？"

你可能会感到莫名其妙：刚才不是回答过了吗？几何学就是用来研究图形的。具体来说，几何学就是一门研究物体形状、大小和位置关系的学科。

这个是书本上正式的回答，这么回答当然没错。可是你注意到了吗？这个回答其实有一个逻辑学上的错误，叫作"同义反复"。"同义反复"的意思是说，我们在解释一个事物时，不能用自己来解释自己。比如，我们不能说"几何是一门研究几何学的学科"，这个解释就跟没说一样。

"几何学是一门研究物体形状、大小和位置关系的学科。"这句话其实也是"同义反复"。因为所谓物体的"形状""大小""位置关系"等概念，其实是几何学自己定义出来的。用几何学自己定义出来的东西来解释几何学，其实就和没解释一样。

那么，几何学研究的到底是什么呢？

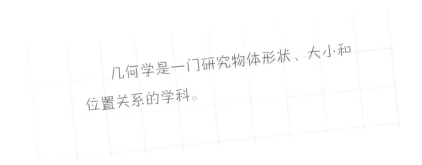

几何学是一门研究物体形状、大小和位置关系的学科。

面积变化没有影响我分辨他是谁

几何学到底研究的是什么？

我们还是要想想，古代人当初为什么要创造几何学呢？很简单，古代人创造几何学，为的就是研究他们用眼睛看到的世界，到底是什么样子的。

那我要问你一个古怪的问题了：人类用眼睛在研究世界时，最容易忽略掉什么信息呢？

举一个例子。我们可以通过一个人五官的样子，来分辨这个人是谁。但我在分辨对方时，对方和我之间的距离影响分辨结果吗？

假设有一个人，他距离我不是很远，因此我可以看清楚他是谁。这时，他逐渐向我走近，那他在我眼中的画面里，有哪些东西变化了呢？这个人在我眼中占据的面积变大了，因为近大远小嘛。但是，面积变化没有影响我分辨他是谁。就算他走近了，他也还是原来的那个人。同样的道理，我们把一个人拍下来，将照片放到手机里拿在手上看，此时他的脸还没有我们的手掌大，可是我们也不会因为他的脸被缩小了，就认不出来他是谁。

换句话说，当人在识别物体样子时，最容易忽略掉这个物体的绝对大小，而且实际上，人的眼睛根本无法识别物体的绝对大小。

比如，在一个没有任何参照物的空间里，在我的远处放上一块没有任何标志的立方体，我就很难分辨出这块立方体的大小。所以绘画里面有一个技巧是，要想表现出一个物体的大小，可以在画面里放一个人们熟悉的参照物。比如，画一座高山。如果只画一座山，山上光秃秃的，没有树、没有桥、没有房子，那这座山很容易被人误解成一块石头，因为欣赏者看不出它的大小来。解决办法就是在山脚下画几个小人儿，牵着一匹马。因为我们熟悉人和马的高度，所以把这个人和旁边的山一比，就知道原来这座山那么高。

正因为人类的眼睛不会识别物体的绝对长度，所以，一个图形对我们来说多大不重要，重要的是它的形状和结构。

比如，我们学写字时，老师不会强调："这个字的横一定是 5 毫米，超过 5 毫米就是错字。"老师只会说："这个横线不能出头，要是出头了就是错字。"那什么叫"出头"呢？"出头"说的就是两条线之间的相对位置。两条线交叉就是出头，不交叉就是不出头。这个相对位置就是字的结构，字的结构决定了这个字是对还是错。

一个汉字它代表了什么意思，这个信息不是储存在字的大小里，而是储存在字的结构里。所以文字可以写成任意大小。甚至在编辑软件里，还可以把汉字改成倾斜的，歪歪扭扭的，只要字体的结构不变，就不妨碍我们识别。

现在我们可以回答前面的问题了：人类在创造几何学时，忽略掉了什么信息呢？忽略掉的，就是物体的绝对大小。

回想一下，我们在课本上学过的各种几何定理，有没有一个定理会包括一个绝对大小呢？比如，课本会不会说"1 厘米线段"的几何性质是什么？没有吧。我们学过的几何定理不涉及绝对长度、绝对大小，只涉及物体的相对长度和相对位置。

只有掌握了几何图形的相对位置和相对大小，我们才能掌握几何学的精髓。

下讲预告

　　你可能会问，虽然几何学不研究物体的绝对大小，但是我们在现实生活中经常需要知道物体的绝对大小。那我们是怎么解决这个问题的呢?

学科辞典

△ "几何学"

　　几何学是数学中研究空间形式及其相互关系的分支学科。

地球上有什么东西无限长？

度量

二年级数学 | 测量的基本方法

三年级数学 | 测量长度

七年级数学 | 长度的测量

九年级数学 | 分形图形

高 等 数 学 | 数学模型

　　在上一讲中我们说，人类用眼睛观察世界时，无法观测到物体的绝对长度，只能比较两个物体的相对长度。可是在实际生活中，我们经常需要知道一个物体的绝对长度。比如，古人需要知道一块田地的面积，需要知道一块布的尺寸。那人类是怎么解决这个问题的呢？

怎么能知道海岸线的真实长度？

你肯定想到了，方法很简单，就是拿一个我们已经知道绝对长度的东西，去和要测量的物体比较。这个已知绝对长度的东西，就是尺子。度量的本质就是"比较"。我们拿尺子去量东西，本质上是拿尺子的标准长度和被测的物体"比较"。

不过你可能想不到，即使有了尺子，我们也不一定能发现物体的真实长度。

地理学中，有一个很有趣的知识点，叫作"海岸线没有固定的长度"——这听上去很奇怪，海岸线是一个固定不变的东西，如果想知道长度，我们拿尺子测量就好了，怎么可能没有固定的长度呢？

我们想一想，该怎么测量海岸线的长度呢？比如，可以用卫星给海岸线拍一个高精度照片，然后用尺子去测量这张照片。可是这样一来，由于照片的分辨率有限制，海岸线上的一些细节就会被我们忽略掉。比如，在卫星图上，某一个海岸线只有一个像素大。按照比例尺换算，这个像素相当于100米，那我们在卫星图上测量的结果，这一个小像素的海岸线长度就是正好100米长。也就是说，在我们的卫星图上，假设了这一小段海岸线就是一条100米的直线。

然而我们到现场一看，这个像素对应的真实海岸线不会是一条直线，而是弯曲的。如果我们在现场拿着尺子亲手去量这段海岸线，它的长度一定会大于 100 米，因为它的细节更丰富，弯曲的地方更多。

可是即使我们拿着尺子去现场量海岸线，也不会是绝对精确的。因为尺子和海岸线没有办法做到绝对地严丝合缝，无论拿的是直尺还是卷尺，有一些特别细微的数据还是会被忽略掉。比如，一块特别细小的、凸起的岩石。我们在用尺子测量时，尺子就直接跨过了这块凸起，忽略掉它，把这段当成了直线。

那么，如果我们再增加测量的精度呢？连这块小小的凸起岩石的长度都算上呢？结果是，测量出来的海岸线又变长了。

这种情况在数学里面有一个术语，叫作"分形"。分形是一种图形，它有一种特性：它的细节有无数多，我们观测得越精细，就可以从中看到越多的细节。

如果有一条线属于分形，那它的长度就取决于测量的精度。我们测量的精度越高，发现的细节越多，测量出来的长度就越大。由于现实中的事物，理论上的细节是无限多的，所以我们通过不断提高测量精度，最后测量出来的结果就可以接近无限大。

换句话说，现实中的海岸线究竟有多长是不一定的，就看用多么精细的尺子测量。所以在国际上，各国海岸线的长度没有一个标准答案，每个国家公布的数字可以相差"十万八千里"。

到底存不存在"客观的长度"？

问题来了，比如一个国家指着一条海岸线说 100 米长，另一个国家说 200 米长，两个国家都说自己没有错，那还存在不存在一个客观的长度呢？

再如，我看见一小段尺子的长度，我说这是 1 厘米；但要是换成一个细菌，它也测量这段尺子，因为它看出了更多的细节，所以测量的结果是好几米长。我和细菌使用的都是相同的长度单位，可是测量出来的结果完全不一样。那这个长度到底该怎么算呢？

其实也好办。

咱们可以想象一个场景：在市场上，有两个人在吵架，一个是买绳子的，另一个是卖绳子的。买绳子的顾客说，这个绳子只有一米长；卖绳子的售货员说，不对，你没有按照分形的思想去看这段绳子，按照分形的思想，这个绳子至少有十米长。

如果你现在是市场管理员，怎么仲裁这件事呢？其实非常简单，你把绳子拿过来，拽着两头儿将绳子拽直，拿

如果你是市场管理员，如何解决他们的纷争？

把直尺一量，直尺上面显示多长就是多长。

这里最关键的动作，就是"拽直了绳子"。这个拽直了绳子的动作实际上意味着，当把绳子两头拽直了以后，绳子中间更多的细节我们就不再考虑，即忽略不计了。

说到"一些细节忽略不计"，你可能会想起我们之前说过的"模型思维"。没错，当我们用直尺去测量绳子长度时，就是在用数学模型解决问题。我们手里的数学模型就是直尺。使用了这个模型后，我们再忽略掉一些信息——把绳子拽直了之后，绳子上更多的细节——就能解决度量的问题。

明白了"度量"的过程，我们会发现，原来自然界中其实不存在长度的概念。因为长度不是一个可以客观度量的量，长度的大小完全依赖于我们的度量方式。但是我们在生活中又会处处使用长度的概念。这是因为我们先通过几何学定义了一个概念叫作"直线"，然后又创造了一个数学模型叫作"尺子"，再通过比较尺子和直线来完成度量。

那么，用来度量的尺子，还有作为度量对象的那条直线，它们是自然界自己产生的吗？不是的，它们都是我们在几何模型中虚构出来的。所以，度量的本质是数学建模。当我们拿着一把尺子进行度量时，并不是在度量客观世界，我们是要把度量的对象，强行套入手里拿着的那把尺子里。度量的过程就是对客观世界进行数学建模的过程。

下讲预告

下一讲继续讲度量。我们度量出的结果是有"单位"的。那么，"单位"又是什么东西，"单位"是从哪里来的呢？

学科辞典

△ "分形"

这是一种在自然界大量存在、具有自身特征性质的复杂形体（或函数，或集合，或图形）。

△ "线段的长度"

这是描述线段长短的一个数，已知线段与取作长度单位的线段相比的比值。

古人怎么描述"五分钟"？

度量单位

◉ 本节覆盖基础课程知识点

二年级数学 | 长度单位

七年级数学 | 几何学的起源

七年级数学 | 长度的测量

上一讲，我们讲了"度量"。我们度量一个东西可不仅仅是在量数字。度量的结果除了数字，还要有一个"单位"。就好比别人问我："这张桌子有多宽？"如果我只回答一个数字"5"，对方就会感到莫名其妙，反问我："5什么啊？"他的意思是，我的回答必须加上一个代表长度的度量单位，如"厘米""米"。否则我量出来的结果就没有意义。

可是我们前面不是说过，长度是人类虚构出来的数学模型吗？那这个所谓的"度量的单位"，又是从哪里冒出来的呢？

度量单位是怎么产生的?

其实最早的时候,人类并不需要度量单位。前面说过,度量的本质是"比较",如果要比较就直接比呀。比如,古人如果想做一套合身的衣服,就可以拿布料和自己的身体直接比较,需要多长的布料一下就比出来了。

但是在有些情况下,直接比较会很麻烦。比如,古人想盖一个屋子,需要用木头盖一个房顶。那你说,他需要准备多长的木料呢?他能把一棵大树从地里拔出来,扛到房顶,比好了大小,然后再去砍伐这棵大树吗?显然不可能。

古人当然有办法,只要找一个比较的"中介物"就可以。比如,古人弄来一根绳子。先用房顶和这根绳子比较,需要多长的木料,就在绳子上打一个结。然后再带着这根打了结的绳子去砍树,这样就方便多了。

这个方法在古代很常用。比如,古代政府想要招募精锐部队,个子矮的士兵不收。于是官府就准备了很多代表士兵身高的木杆,让负责征兵的官员拿着这些木杆去比较壮丁的身高。身高超过木杆的壮丁就收,没有超过的就不收。这根木杆就是度量的中介物。

后来古人发现,用中介物也麻烦。因为每次要量东西时都要单独创造一次中介物,再千里迢迢地运过去。更简单的办法是设计出一个标准的中介物，规定以后度量所有东西时，都先跟这个"标准中介物"进行比较。这个"标准中介物"就是"度量单位"，标上"度量单位"的中介物就是尺子、斗、秤之类的度量工具。

比如，古代有一种长度单位叫作"尺"，古代政府制造了很多标好"一尺"有多长的尺子，把这些尺子运到全国各地。等以后再征兵时，官府直接通知各地官员，这次的壮丁个头必须在多少尺以上就行了。以后除了征兵，征集木材、布匹也都可以用这个标准单位。官府统计经济情况时，也可以用"多少尺布"来计算，这样就方便多了。

但要做到这些需要有一个前提：官府得有能力造尺。

首先，这个社会要有足够高的工艺技术，能把精确的尺子生产出来。其次，还得有一个强大的中央政府，能把度量标准推广到全国。在咱们中国，这个强大的中央政府到秦朝的时候才实现。

可是，人类在刚刚产生文明时，既没有强大的中央政府，也没有能力生产标准的尺子。那怎么办呢？

古人想到了一个特别聪明的办法：从自己的身上找尺子。每个成年人的身体差不多大小，伸出一只手，举起一只胳膊，就是一把天然的尺子。

比如，前面说到的长度单位"尺"。《礼记》上说："布手知尺"，就是把手张开，大拇指到中指之间的距离，就叫

古人以绳子作为度量的中介物

作"尺"。你想，这么量长度多方便啊，只要张开手比画一下，就知道一件东西到底有多长。不过今天的"一尺"要比张开的两个手指之间的距离的长度要长，是因为有了尺子以后，单位长度可以不再局限于我们的身体长度。随着历史的发展，"一尺"的长度就慢慢变化了。但是"伸手比画"的测量方法其实一直都在用。今天咱们想量个长度但是没有尺子，怎么办呢？最简单的做法，就是用张开的大拇指和中指之间的距离去量，这个长度就是俗称的"拃"。

再如，古代还有个体积单位叫作"升"。汉代的学者说："掬，一升也。"[1] 即一升就是一"掬"。"掬"字的意思是用两只手捧着。换句话说，古代人用两手捧着一把粮食，这么多就是"一升"。咱们可以想象，古代人想要交易粮食又不方便度量时，就可以这么和对方说："你这一捆木柴，我拿三大捧谷子跟你换，换不换？"

外国人也一样，英国有个单位叫作"英尺"，英尺的英文是"foot"，就是"脚"的意思，指的是男性脚的长度。其实早在古罗马时代，欧洲人就习惯把男性脚的长度当作基本的长度单位。古罗马灭亡后，包括英国在内的好多欧洲国家都继承了这个习惯。

为什么古代单位不再适用？

如果你喜欢看古代背景的故事，那么对于前面说的那些度量单位，应该都不陌生。但是，你在看现代作者写的古代故事时，会不会觉得古代的度量单位有点儿不够用？

比如，现代作家写的推理小说，常常会分析具体的时间。类似于"某某人有五分钟的作案时间，在这段时间里，

---

[1] 《康熙字典》引《小尔雅》。

他可以干吗干吗。"如果把这个场景放在了古代，要怎么表达"五分钟"的概念呢？在古人的日常用语里找不到一个特别适合的词。于是我们在一些古代背景的故事中，会看见作者翻来覆去地用"一炷香""半炷香"来表示时间，简直恨不得再发明出一个"三分之一香""四分之一香"之类的时间单位，才好把故事说圆。

这就是度量单位有意思的地方：和今天相比，古人日常用到的最小度量单位，要比今天的更大。

比如，在古人的世界里，最常见到的长度单位一般是"尺"和"寸"。这"一寸"相当于今天的三厘米多，大概是成人一个半手指节那么长，比现在常用的"厘米"要大多了。其实古代还有比"寸"更小的长度单位，如"分"，不是有个词叫作"分寸"嘛。可是在大多数古人的日常记录中，很少见到"分"。

"分"的长度有几毫米，古人的尺子上也可以标出"分"。可是古人在日常生活中，却很少用到这么小的单位。因为古人平时接触的事物，很少有能精确到几毫米的。

今天的手机厂商，如果把手机做薄了几毫米，那都要大张旗鼓地宣传，认为这是一个革命性的突破，是因为现代的工业技术可以保证每一部出厂的手机真的就这么薄，我们用尺子测量不会出误差。可是在只有手工业的古代，这"几毫米"的差距就没有太大的意义了。除了少数最顶尖的艺术品，普通人日常生活中接触到的东西，在生产过程中制造出来的误差早就超过几毫米了，所以平时去计较"几分"的长度就毫无必要。

再如，古人一般使用的最小时间单位是"刻"。我们现在还有个词叫"一时三刻"。"一刻"，差不多是今天的 14 至 15 分钟，对我们来说，它是个很粗略的时间单位。其实古人也有比"刻"更小的时间单位，而且古代人也能造出更精确的表，度量出更精确的时间。可是在古代，这样的表的数量太少，只能作为艺术品被收藏在少数贵族的家里。对于大多数老百姓来说，不要说精确的表，即使粗略的表也没有，平时全靠观测自然现象来判断时间。在那样的世界里，更小的时间单位也就没有意义了。

今天我们能把时间精确到"分钟"，可以说"咱们 10 分钟后见"或者"你怎么迟到了 5 分钟"。这是因为今天有了发达的工业技术，每个人都能轻易得到廉价的、精确到秒的计时工具。而且，我们今天有先进的通信和交通技术，远距离通信的时间差基本是零，因此我们才能和别人约定"5 分钟后我给你打电话"。还有准时的汽车、火车和飞机，所以我们才能告诉别人："明天下午 3 点我到机场。"而在古代，就只能说成"明年春天开花的时候，我会去找你"——而且就算这么模糊的约定，也不一定能实现呢，谁知道明年这一路上，又会有什么事耽误了呀？

你认为是什么决定了我们日常使用的单位呢？其实是技术水平。所以在高年级的数学课上，很少再接触到度量单位了。因为度量单位本质上是一个技术问题，而不是数学问题。

下讲预告

　　下一讲，我们来聊聊数学的另一个神奇功能：它可以帮助我们穿越时间。

学科辞典

　　△ "单位"

　　单位是指量度中作为记数单元所固定的标准量。

归纳因果

数学怎么帮助我们穿越时间？

牛顿力学

◉ 本节覆盖基础课程知识点

高中数学 | 演绎推理

高中数学 | 合情推理

这一讲我们来聊一聊，数学是怎么改变人类历史的。

牛顿为什么了不起？

你可能听说过有个科学家叫"牛顿"，就是传说中被苹果砸中脑袋后想出万有引力定律的那个人。我们在中学阶段学习的那些和力、运动有关的知识，都是牛顿的理论。

看上去，牛顿的理论好像没什么特别的。所谓的"牛顿三大定律"都特别好理解，甚至有一些就是生活常识。可是牛顿对这个世界的影响非常大，远远不止是一个"发现了很多定理的科学家"那么简单。如果想明白牛顿的贡献，我们就要回到牛顿当年的时代，看看当时的思想界是个什么样子。

那时，人类的知识是支离破碎的。比如，天文学家观察星星运动的轨道，总结出很多规律。建造投石车的工匠，研究石头扔出去的轨迹，这又是另一套规律。这个世界上有很多行当，每一个行当的专家，都能根据自己的经验总结出一套规律来，但每一个规律之间没有严密的联系。

正因为每件事的规律是不一样的，所以古代人觉得大自然很神奇。因为宇宙中充满了奥妙：星球是怎么转的我们要研究，石头该怎么扔也得研究，宇宙中值得探索的事太多了。那怎么解释这个世界呢？西方人说，这些都是神的安排，神自有道理，智慧远高于凡人，所以神的安排人类没有办法懂。人类不要去猜测神的想法，只要服从就好。

以牛顿为代表的科学家呢，他们的信念正好相反。他们认为，宇宙中的规律是可以被解释的，而且可以用非常简洁的方式解释清楚。他们之所以这么自信，是受到了一位古希腊数学家的影响，这个数学家叫作欧几里得。

前面说过，数学可以被看成是一个公理系统，我们今天平时使用的几何学的公理系统，就是欧几里得建立的。

了不起的牛顿

欧几里得用了几个非常少的公理①，再通过演绎推理，建立了庞大的几何学大厦。欧几里得建立的这套公理系统，把大千世界中无数的几何图形，都总结成了最开始的几条公理。无穷无尽的图形，都可以用这几条最简单的规律来解释。

欧式几何的成功，在西方思想史上鼓舞了无数人。它

———————————
① 按照欧几里得自己的分类，是五个公理和五个公设。

让人们产生了一个信念：这个世界上的一切规律，都可以变成一个类似几何学的公理系统，都能被总结在最简单的几条公理中。欧式几何成功了，那其他人也有可能成功。

牛顿想干的，就是这样一件事。

数学连接时空

可是这件事非常难。因为在那个时代，天文学有天文学的规律，扔石头有扔石头的规律，世界上有那么多不同的领域、不同的规律，想用一个简单的规律把它们都统一起来，当然是千难万难。有很多科学家都在这件事上品尝了失败的苦果，但牛顿做到了。

牛顿就像欧几里得一样，在物理学里建立了严谨的理论体系。远到天上的星星，近到地上一个小石子的运动轨迹，大千世界里所有的物理现象，被牛顿用几条短短的数学公式总结了出来。

更可怕的是，牛顿总结的不仅是所有空间的物理现象，还囊括了全部时间的物理现象。理论上，只要我们知道了某个时刻全部的物理数据，就可以通过计算，知道所有时间里发生的所有物理现象。

比如，今天的科学家观测出了月亮的运动状态，他们根据物理定律，就可以计算出未来某天月球的位置，还可以计算出历史上某一天的月球的位置。所以今天的考古学家，会计算历史上的天文现象，然后再查找古人的天文记录，从而确定某些历史事件发生的真实时间。也就是说，物理学让今天的人类可以穿越时间，窥探没有被古人记录下来的历史里都发生了什么，而连接古代和今天的工具，就是数学。牛顿用数学，把宇宙中所有时间和空间里的物理现象全都连在一起。

在物理学的世界里，我们只要一只手握着物理规律，另一只手握着数学，我们就能拥有整个宇宙，还可以拥有所有的时间。

有了牛顿，一切的自然秘密都向人类展开了。世界不再是神秘的、难以捉摸的，人类也不再需要借助神来解释自然世界。在牛顿之后，人类对理性的信心变得更强。科

在物理学的世界里，我们只要一只手握着物理规律，另一只手握着数学，我们就能拥有整个宇宙，还可以拥有所有的时间。

学家和数学家们前仆后继地试图用公理系统解释世界上的一切现象。那个对神噤若寒蝉的时代，离人类越来越远了。

 下讲预告

　　下一讲我们插讲一个历史故事：欧氏几何是怎么改变历史的。

历史小插曲：数学家与大炮

　　"欧式几何"影响了一代欧洲的思想家，让这些思想家开始用理性和逻辑去研究世界。可以说，"欧式几何"改变了近代欧洲文明的发展方向。

　　可是在很长一段时间里，"欧式几何"的影响只局限于几个最顶尖的思想家。普通老百姓是感觉不到的。那么，大众是什么时候真正感觉到"欧式几何"的好处的呢？一个重要的时间点，是在用火炮打仗的时候。这一讲，我们就来讲讲欧洲人用大炮打堡垒的故事。

从城堡到棱堡

　　欧洲人是在 14 世纪，也就是我们中国处于元朝的时候，开始在战争中使用火炮的。一开始，他们觉得火炮没有什么了不起的，因为在有火炮之前，战场上已经有了投石车。投石车利用杠杆原理把巨大的石头扔出去。火炮虽然把人力换成了火药，但功能还是扔大石头，和投石车的区别其实不大。而且刚开始的火炮质量也不是很高，有时效果还不如投石车。

后来又过了好多年，随着技术的发展，火炮变得更轻、射程更远、炮弹的威力更大。到了咱们中国明朝时期，欧洲的火炮出现了质的飞跃，开始改变战争的局面。

在没有火炮之前的中世纪，城堡易守难攻。攻城方哪怕有投石车、冲车、云梯这样的大型设备，攻城的损失也极为惊人。所以当时的战争都会围绕着城堡进行。封建领主绞尽脑汁地修建各式各样的城堡。谁的城堡更坚固，谁的统治就更稳。所以城堡成了中世纪欧洲的标志，即使在现在欧洲的主题公园里，中心最重要的建筑往往也是城堡。

可是新型火炮的出现，改变了这种情况。新型火炮的射程更远、攻击力更强。在火炮面前，城堡成了被动挨打的靶子。只要火炮的数量足够多，什么样的城堡都会被摧毁。

那么，防守一方应该怎么办呢？

很简单，进攻方有火炮，那防守方也可以有火炮。而且防守一方还有城墙，可以在城墙上挖出射击孔，让火炮躲在城墙的后面射击。这样不仅防御力高，而且因为城墙本身有高度，火炮的射击距离还能更远。此外，防守一方的火炮可以固定在城墙上，或者在固定的滑轨上移动，那火炮就可以造得比较大。而进攻方的火炮需要千里迢迢地从别处运来，必须足够轻便，否则车轮和地面都会承受不住。所以一般情况下，进攻方的火炮威力要小一些。

那么，如果你是进攻方，你会想到什么办法吗？还真有。既然城堡的形状是固定的，城墙上火炮的位置也是固定的，那么在开战之前，我们先好好侦察一下对方的火力布置，画出地图，好好琢磨防守方的火力网到底有哪些弱点。只要能找到一个弱点，我们就集中全部兵力去突破，那其他位置的防御力再强也没有用了。

这样问题又抛回给防守方了。如果你现在又改成了防守方，需要设计一个新式的、没有弱点的城堡，你会怎么做呢？

其实，这是一个几何问题。因为已经知道自己的火炮的射击范围，也能大致估计出对方火炮的射程，那么我就可以用几何学的办法设计出一个最佳的城堡形状。在这个城堡里，我方火力的覆盖面积最大，而且进攻方还找不到占便宜的射击位置。

最终，意大利的建筑师设计出一种新型的城堡，叫作"棱堡"。

从天空中俯瞰，过去的城堡一般是方形或者圆形的。棱堡呢，从空中俯瞰，它的城墙会多出很多棱角来，所以才叫"棱堡"。棱堡的城墙高度比过去更矮，目的是减少被火炮击中的可能。而大量的棱角，为防守方的火炮提供了非常多的射击角度。对手从任何一个方向进攻棱堡时，都会面对好几个角度的火炮的交叉射击，进攻时自然就要吃亏。

有了棱堡之后，防守一方又开始占优势了。过去，进攻方只要有足够多的火炮，就很容易把城堡打下来。到了16世纪时，如果进攻的对象是棱堡，那么进攻方就必须是防守方士兵的7倍，才有机会获胜。

这时，对于进攻方来说，寻找城堡的弱点已经没什么用了。要想提高进攻的效果，注意力还得放到火炮上。同样的火炮，我们只有打得比对方更准、更有威力，才能提高胜算。

谁能做到这一点呢？

有一个叫作"塔尔塔利亚"的数学家做到了。

数学家"塔尔塔利亚"

"塔尔塔利亚"不是这个人真正的名字，而是他的外号。他小时候特别惨。六岁的时候，他的爸爸在路上被匪徒杀了。十二岁的时候，又赶上敌人入侵，士兵到处屠杀百姓。在兵荒马乱中，有个士兵一刀向他砍去，砍伤了他的下巴。他很幸运，没有死，但是从此以后说话就不利索了。所以别人给他起了个外号，叫他"塔尔塔利亚"，意思是"口吃的人"。长大以后，他就用"塔尔塔利亚"这个名字发表文章。所以我们今天就管他叫"塔尔塔利亚"了。

在数学史上，塔尔塔利亚做了一件很了不起的事。当时欧几里得的《几何原本》在欧洲只有拉丁文版。拉丁文是一种已经很少有人认识的文字，只有少数学者才会。塔尔塔利亚是欧洲第一个翻译《几何原本》的人。他把《几何原本》翻译成了意大利文，也就等于把《几何原本》普及给了大众。

而且他除了翻译著作，还学以致用。当时正好是火炮和城堡都在升级换代的时代。塔尔塔利亚发现，《几何原本》里记载的知识正好可以用在打仗上。

过去的城堡都比较高大，所以大炮攻打城堡时，准头不是很重要，能打中就行。但是新兴的棱堡为了减小自己的目标，把城墙变矮了。于是怎么能提高火炮的命中率，就成了当时的难题。

我们知道，炮弹打出去的轨迹是一个抛物线。我们通过物理学和几何学的知识，可以计算出这个抛物线的落点。这里正好可以利用《几何原本》中的知识。于是塔尔塔利亚就用几何学的知识解决了火炮的弹道问题。就在棱堡被发明几十年后，塔尔塔利亚在他的著作中开创了"弹道学"。

有了弹道学，打大炮就不是靠经验，而是变成了一道数学题。只要把这道数学题算出来，大炮才能更有准头。所以，士兵如果要当炮兵就要先上数学课，打仗不再是一个只靠身体技巧就能完成的事了。

在炮兵这边，计算准头变成了数学题；另一边，设计棱堡也是一道数学题。所以从此以后，**数学就成了战争里必不可少的工具**。

举一个例子。军事天才拿破仑有一个偶像叫"蒙日"，在拿破仑还是一个小军官的时候，蒙日就已经是海军大臣了。可是按照常规，蒙日根本不可能取得这么高的地位。因为那是一个讲究出身的时代。蒙日的爸爸是个小贩，按照那个时代的潜规则，蒙日是不可能当军官的。然而蒙日在上军事学校时，老师要求学生计算一道关于防御工事的数学题。这个问题特别复杂，当别人还在抓耳挠腮时，蒙日很快就算了出来。负责检查这道题的是一个高级官员，他一开始拒绝检验蒙日的计算结果，认为这道题根本不可能有人做出来。在蒙日的坚持下，那名官员才自己算了一遍，结果发现蒙日真的做对了。军官大为惊讶。从此以后，蒙日就不再是学生，而是改当老师，去给他的学长们上课去了。而且蒙日的计算方法还被列为军事机密，在好几十年里不许公开。

在那个时代，数学在战场上的地位越来越高。在当时欧洲的军事院校里，数学系特别重要。当时有很多大数学家，如刚才说的蒙日，还有傅立叶、拉普拉斯，都在军事学校学习或者教书，用数学知识改写历史。

下讲预告

　　科学改变了这个世界，可是有的人觉得，科学研究的都不是真实存在的东西。这是怎么回事呢？

学科辞典

　　△ "抛物线"

　　　抛物线是二次曲线的一种。当平面上动点 P 到定点 F 和到定直线 d 的距离相等时，点 P 的轨迹称为抛物线。

科学是虚构出来的吗？

科学模型

◉ 本节覆盖基础课程知识点

高 等 数 学 | 数学模型

五年级科学 | 运动和力

九年级化学 | 原子的结构

高 中 物 理 | 力的定义、质点

前面，我们说了牛顿的物理学有多么厉害。可是如果我告诉你，牛顿的这套科学理论其实是"虚构"出来的，你会怎么想呢？

我们曾经说过，数学其实是虚构出来的模型。世界上并不存在一个"不占据任何空间的点"，也并没有一条"绝对直的直线"。我们在几何学里假设存在这样的东西，然后把这些概念当作工具，用来解决现实问题。

这个不难理解，数学讲的本来就是和现实无关的、抽象的东西。可是物理学不一样啊，它们研究的是看得见、摸得着的客观世界，它的结论必须符合客观规律，怎么能说物理学也是虚构出来的呢？

你来听我解释。

科学研究的对象是什么？

在牛顿的物理学中，有一个最基本的概念叫作"力"，比如我推你一下，就对你施加了一个"力"。有非常多的物理学概念，都建立在"力"的基础上。

可是你想一想，这个"力"是什么东西呢？它看得见、摸得着吗？我们能指着一个东西说："瞧，这个东西就是'力'吗？"我们可以感受到"力"，但是我们在这个世界上，找不到叫作"力"的任何一个东西。"力"不是实在的东西，"力"其实是物理学创造出来的，用来描述物体之间互相作用的概念。

再如，中学的物理课上有一个概念，叫作"质点"。我们要研究一辆小车是怎么移动的，老师会让我们把这一辆小车看成是一个质点，认为这辆小车全部的质量都集中在这个质点上。这样，我们研究的就不是一辆小车的运动，而是一个"带有质量的点"的运动，因此研究起来就容易多了。

世界上真的存在"质点"这样的东西吗？在物理学中，

质点没有体积。那么这个世界上，怎么能存在一个"有质量又没有体积"的东西呢？

其实，物理学和几何学是一样的，研究的也是虚构的模型。

你可能听说过一个笑话：

有一个农民养的鸡不会下蛋，于是他找一个物理学家求助。物理学家回去研究了好多天，回来跟农民说："我终

为什么我的鸡不会下蛋呢？

可笑的"真空中的球形鸡"

于找到解决的办法了！不过这个办法只适用于'真空中的球形鸡'。"

这个"真空中的球形鸡"就是用来笑话物理学的思维方式：我们在物理课上学到的知识，总是在"真空、没有摩擦力、物体密度均匀"等理想条件下。这些"理想条件"都是现实中不可能存在的。所以我们接触的物理学，其实是"虚构出来的理想条件下"的物理学，我们从这些理想条件中总结出规律，然后把这些规律近似地使用在现实中。

化学也是一样。在化学反应中，最基本的单位是"原子"。比如，在化学课上，我们说"一个铁原子有什么样的性质"，在这个描述中，其实是把铁原子当成了一个实心的、不可分割的小球。可事实上，原子并不是一个球，原子是由质子、中子、电子等粒子组成的，这些粒子还在不停地做着各种运动。

如果我们在现实中拿出两个铁原子，那么这两个铁原子并不是绝对一模一样的，因为在同一个时刻，这两个铁原子内部的粒子的位置是不一样的。但是在化学课上，我们就把所有的铁原子都当成了一模一样的实心小球，忽略了其中的区别。也就是说，化学研究的，其实是各种各样的原子模型。

科学为什么很可靠

如果科学是人类"虚构"出来的模型，那么除了科学家建立的模型，我们是不是可以建立一个和科学完全不同的新模型？

当然可以。我们不一定要像科学家那样，把自然世界总结成"力""原子"等，实际上，人们还有其他各种研究世界的方式。

比如，中国古人曾经用"阴阳"和"五行"来解释自然世界。所谓"阴阳"，就是古人把世界上的一切事物的属性，分成了"阴"和"阳"两种，通过研究这两种属性的规律，来研究万事万物的规律。所谓"五行"呢，道理也类似，只是把万事万物分成了五种属性。

在咱们一般人的概念里，"科学"和"阴阳五行"是互相对立的两种概念。这样理解没有问题。不过，如果从"模型"的角度来看，其实"科学"和"阴阳五行"的思路是一样的，都是想用一套模型来解释世界，只不过它们最后建立出来的具体模型不一样。科学用的是"力""原子"之类的概念，"阴阳五行"用的是另一套概念。

就连科学家们自己，也有可能建立出不一样的模型。比如，在研究物理学时，曾经有科学家提出，宇宙中充满了一种叫作"以太"的物质，这样才能解释为什么地球要绕着太阳转。在研究化学时，曾经有化学家假设出一种叫作"燃素"的东西，用"燃素"来解释燃烧现象。

不过这些模型在后来的科学研究中，都被逐渐淘汰掉了。因为同样是解释自然世界，不同的模型之间有优劣之分——就是我们在讲地图那节讲过的，只有最善于解决问题的模型才是好的模型。在劳动人民的生产实践中，我们今天学到的科学知识相比其他模型更实用，生产出来的机器功能更强大、质量更好，所以我们今天才会在学校里学习"力"和"原子"，而不是对自然的其他解释。

那么，当我们知道科学是"虚构"出来的模型时，会觉得科学不可靠吗？恰恰相反。因为任何人都可以虚构出和科学不同的模型，所以科学是一个开放的学科，欢迎任何理论和它一起竞争。竞争的标准，就是看哪一个理论更善于改善生活、创造财富。科学是开放竞争中的获胜者，所以科学的结论要比书房里的玄学更可靠。

下讲预告

下一讲，我继续讲科学。为什么我们在物理课上要做那么多的数学题，为什么科学那么喜欢数学工具呢？

学科辞典

△ "科学模型"

科学模型是按照科学研究的特定目的，用物质形式或思维形式对原型客体本质关系的再现。物质形式的模型即实物模型，是人们观察、实验的直接对象。思维形式的模型表现为抽象概念（如质点）、数学模型（如数学方程式等）或理论模型（如某些科学假说），是人们进行理论分析、推导和计算的对象。

人造人是
人类吗？

定义

> ● 本节覆盖基础课程知识点

五年级科学 | 运动和力

七年级数学 | 命题和定理

高 中 数 学 | 数学定理

高 中 物 理 | 力的定义

　　之前我们说，科学可以被看成是一个类似数学的公理系统。这就好像是一棵大树：科学家们用他们相信的公理建造了树根，又利用数学工具培养出了树干和枝叶。数学在这棵大树里起到了重要的作用。因为我们在今天的物理课上，要学习很多公式，进行很多计算。

　　那么，科学家为什么要用这么多数学工具呢？

　　你可能会回答："因为数学的推理过程是严谨的。"之前说过，公理这棵大树要靠严谨的演绎推理来建立，那当然要用严谨的数学工具了。

这么说没错。可是，演绎推理虽然是严谨的，但并不一定需要用到数学工具。比如，最经典的一个演绎推理的例子：

前提 1：人都会死。

前提 2：苏格拉底是人。

结论：苏格拉底会死。

你看，这个过程没有用到数学工具，推理过程也是严谨的。没有数学工具，我们也可以建立一个推理过程非常严谨的、解释自然世界的知识体系。

比如，我可以提出一个定理："世界上所有的东西都是相对的，只要存在一个事物，就存在它的对立面。"

然后，我们找到一个前提："汽车是一个事物。"

于是得出一个结论："这个世界上一定存在汽车的对立面，如马车。"

这个推理过程看上去没有问题，而且也没有用到数学工具。那为什么科学家还那么喜欢数学呢？

因为数学可以更精确地描述定义。

人造人是不是人类？

什么是"定义"呢？我曾经打过一个比方：人类的知识就好像一片大地，所谓"定义"，就相当于我们在知识的大地上画了一个圈。

我宣布："我说的这个东西，它的含义在这个圈里，不在这个圈外。"这个过程就是下定义。但是这里有一个问题：在思想的大地上，这个圈的边界并不是绝对清晰的。如果你离近了仔细观察，就会发现这个边界是一片模糊的灰色地带。

比如，我们当然都知道什么是"人"：一个长得跟我差不多，会说话、有思想的生物，就是人。可其实，"人"这个词的定义边界是模糊不清的。

有很多科幻故事都喜欢讨论，到底什么是"人"？有一个动画片叫《攻壳机动队》，它就讨论了这样一个问题："如果一个人身体的大部分都换成了机器，那他还是不是人？"

比如，我是一个残疾人，没有胳膊了，换了一个机器手臂，那我当然还是人。可假如科技特别发达，我身上的每个零件全换成了机器，最后就剩下一个大脑是自己的，那我还是人吗？

如果我换的身子不是人形的，而是换成了一个狗的身子，或者换成了一辆装甲车，那我还是人吗？

甚至在动画片里，人的大脑的一部分都可以改造成机器。那么，一个外观是装甲车，内部的指挥系统部分是人类大脑，部分是机器的东西，还算不算是人呢？

这个人造人是不是人类?

再如，有一本科幻小说《仿生人会梦见电子羊吗?》后来还被改编成了电影《银翼杀手》。它讨论的是：假如人类制造出的机器人越来越像人，有类似人类的身体，也有类似人类的感情和记忆，甚至这个机器人能意识到自己的存在，而且自己都认为自己是人。那他是不是人？一个善良的人造人，相比一个丧失人性的恶棍，是不是"更像人"？

为什么这些科幻故事很吸引我们呢？就是因为它们在讨论"什么是人"时，专门讨论"人"这个定义的灰色地带。凡事一到了这个灰色地带，就充满了争议，也就容易设计出好的故事。

有没有绝对精确的语言？

艺术家喜欢定义边上的"灰色地带"，而学者们正好相反。学者们最希望消灭这些灰色地带。这是因为，"定义"是我们讨论问题的基础。两个人讨论问题，如果一开始的定义不清楚，那后面的讨论就都白费了。学术进步的方式是"真理越辩越明"。如果学者之间的定义不能统一，那学术交流最后就变成了自说自话，大家都觉得对方的言论荒诞不可理喻，但却无法互相说服。那学术也就不可能进步了。

所以，学术在发展的过程中，学者们一直在努力细化每一个定义的边界。他们花费了大量的时间讨论什么是"人"，什么是"生命"，什么是"文明"，什么是"正义"。可以这样说，人类文明发展的一个标志，就是各种定义的边界变得越来越精细。

回想一下，开头的那个"汽车的对立面是马车"的理论，为什么不是一个好的理论？就是因为里面每一个词的定义都很模糊。尤其是"对立面"这个词——什么叫"对立面"？汽车的对立面为什么不能是飞机，不能是轮船，不能是坏的汽车？为什么不能是四个轮子朝上倒着的汽车？若定义模糊不清，这套理论就可以得出很多似是而非的结论，那它对我们的生活也就没什么用处了。

我们学习知识时，同样要把很多精力花在研究"定义"上。你在读课本时可能会发现，明明一个很简单的定理，课本总是用非常难懂的话讲出来。比如，物理学里的"作用力和反作用力"，就可以用大白话说出来："我推一个东西，这个东西就会顶我一下"，不也能说清楚吗？实际上，老师在课堂上也是在用大白话来解释定义，等我们听明白后，才让我们去背诵课本上的定义原文。

课本为什么要用拗口的学术语言呢？就是因为课本要尽量用严格的语言，来说清楚每一个概念的边界。这样，我们对概念的理解才不会出错。

但是，我们用普通的语言来解释概念，它的边界就不可能是绝对清晰的。

比如，你可以试一试和一个物理老师这么抬杠：

物理老师解释什么是"力"时说"力是物体运动的原因"，你就让老师解释什么叫"运动"。

老师如果说"运动就是物体位置的变化"，你就让老师解释什么叫"位置"。

老师如果说"位置就是物体所处的空间方位"，你就让老师解释什么叫"方位"。

你可以无穷无尽地追问下去，追问到最后，老师肯定会生气。为什么？因为老师无论怎样解释，都是在用人类的一个词汇解释另一个词汇。而另一个词汇到底是什么意思还需要继续解释，那这个追问就可以无穷无尽地进行下去，永远不可能有一个边界绝对清晰的定义。

但是人类有一种语言，边界是绝对清晰的，就是数学。因为数学拥有"离散"的思维。比如，正整数 1 和 2 之间就是离散的，中间什么都没有。所以，1 和 2 定义的边界就可以绝对清晰。

所以，科学家们才喜欢用数学工具来表达自己的思想。原因之一是，**数学是人类所有语言中边界最清晰的**，只有用数学工具去描述的规律，才会尽可能准确。

谁能代替科学实验？

正因为数学表达准确，推理过程又严谨，所以数学产生了一个很棒的功能：它可以帮助科学家进行思想实验。

其实，科学家随时随地都要进行思想实验。比如，他们在推理过程中得到了一个新结果，那么科学家会先在脑海中想一想，这个结论对不对？会不会和其他事实有冲突？科学家打算在现实世界中进行一项真正的实验之前，也会先在脑海中想一想：这个实验预计会出现什么结果？有必要做吗？如果要做，应该怎么设计？这些在脑海中的"先想一想"，都是一种思想实验。

数学工具的好处是，能把科学家们做的思想实验变得更严谨、更精确。比如，古代的工匠在建造一座大桥前，也要结合现场的情况先想一想，这样建大桥，大桥会不会倒。但是这个"想一想"，凭的就是模模糊糊的经验。而现代的工程师可以直接掏出纸笔，用数学公式计算各种方案的效果是什么样，还能比较哪一个方案的效果更好。

数学提高了思想实验的准确性，也就可以节约科学研究和工程设计的成本——在纸上计算出来一个方案若是错误的，损失的只是一个数学家的时间和一点笔纸；如果人们是通过实践证明了一个工程不可能，那损失的就是巨额的资金和损害人民的生命安全了。

所以，不仅是物理、化学、生物这些自然理科，甚至像经济学、政治学这些人文学科，它们也都尽可能多地使用数学工具。只有这样，它们表达出来的概念才能尽量严谨，做出来的思想实验才能尽量准确。

 下讲预告

这一讲，我们说了现代科学离不开数学工具，可是另一方面，科学和数学之间还存在巨大的差别，而且是质的差别。到底是什么差别呢？

科学和数学有哪里不一样？

不完全归纳法

现代科学离不开数学，我们习惯了在物理课上做大量的数学计算，也习惯把物理、化学和数学，都统称为"理科"。我们觉得这些学科的学习方法都差不多，一门理科课程成绩好的人，其他理科课程的成绩大概率也不错。

但其实，物理、化学这些现代科学，它们和数学之间的差别非常大。甚至最基础的研究方法都不一样。

哪里不一样呢？

前面讲过，可以把数学知识看成是一棵大树。我们学到的各种数学知识，都是根据树根上的那些数学公理，按照"演绎逻辑"的规则推理出来的。因为演绎逻辑的过程是绝对严谨的，所以，我们只要相信公理是正确的，那么由此得到的一切数学知识就是绝对可靠的。

但是科学不一样。所谓"科学知识"，是用另一种思维工具得到的，这个工具叫作"归纳法"。

什么是归纳法？

注意，这里说的"归纳法"，和数学课上的"数学归纳法"不是一回事。这里的"归纳法"，指的是人类知识的一个来源。

"归纳"这个词的意思很简单，我们平常有一个词叫作"归纳总结"，"归纳"就是总结的意思。人类的知识就是从各种各样的现象中归纳总结出来的。比如，我们对身边每一个人的评价，说某某人"是个好人"，就是通过在日常生活中对这个人的观察，归纳总结出来的。这种靠观察和总结的方式得到知识的方法，就是归纳法。①

归纳法是我们知识的来源，却有一个巨大的缺点：靠归纳法得到的知识，并不都是绝对可靠的。这个道理也很

① 本书里的"归纳法"和有些数学参考书里的"归纳法"的概念不一样。本书里的"归纳法"，相当于有些书里的"合情推理"。

简单：我们人类的能力有限，不可能观察到世界上一切的现象。我们观察到的现象总会有遗漏，有时还会有偏差，所以最后总结出来的结论，当然不能保证是绝对正确的。

举一个例子。我们在学校里上课的时候，有的班主任在路过教室时，会顺便观察一下有谁上课没有听讲。你可能遇到过这样的情况：你平时非常守规矩，上课从来不说话。有一天，你偶尔和同学在上课时说了一次话。说完后，你回头瞄了一眼教室后面的窗户，哎呀，正好看见班主任在盯着你。你心想，这可真是太倒霉了，偶尔说那么一回

"不完全归纳法"得出的结论让你觉得很冤枉。

话就被发现了。但你也没有办法解释啊，只能注意，以后上课不再说话了。于是，你就忍了一个礼拜，上课一直都没有说话。

有一天，你因为临时有点事，在课上和同学又说了一句话，结果抬头一看，班主任正好又在后面看着你。下课后，班主任就把你叫过去，对你说："你这个孩子，怎么这么调皮呢？我两次路过教室，两次都看见你在说话。这说明你平时的上课纪律很差，肯定天天都在说话！"

你肯定会觉得很冤枉。那老师为什么会对你产生错误的印象呢？就是因为，他使用的是归纳法。如果老师想对你的课上纪律得出一个绝对正确的结论，理论上他应该在你上课的每一分钟里，全都目不转睛地盯着你。这在归纳法中，又叫作"完全归纳法"，即没有遗漏地把所有信息都归纳了。这位老师如果真能这么做，那他得出的结论就是真实的。可是实际上老师做不到。于是，他只能通过个别一两次的观察，得出结论，这就是"不完全归纳法"。不完全归纳法有可能得出错误的结论，就像在这个例子里，老师就冤枉了你。

物理规律并不是绝对正确的

上课说话还算是一件小事，可怕的是，我们在科学中得到的一切知识，用的都是归纳法，而且是可能犯错的"不完全归纳法"。

这是因为，科学要提供的不是片段的知识，而是普遍的规律。也就是在整个宇宙里、在古往今来的所有时间中，全都有效的知识。显然，人类不可能观察到其中所有的现象。人类总是在根据片面的信息总结科学规律，最后得到的结论，也就有可能是错的。

比如，我们在学校中学习的和运动有关的知识是牛顿总结出来的。牛顿得出的结论，根据的是当时的科学家观测世界的结果。但是因为当时的观测技术有限，对于有一些数据牛顿并不知道。后来，科学家掌握了更精密的设备，观测到了更多的数据。科学家们发现，牛顿总结出来的知识其实不够准确，爱因斯坦的理论要比牛顿的更准确。

当然，你也不用担心我们上课学到的物理学没有用。因为，牛顿的理论符合当时能收集到的一切数据，在当时的那些数据面前，牛顿的理论是没问题的。而我们日常生活中能用到的物理学知识，要远远小于牛顿那个时代物理学家的能力范围。虽然严格来说，牛顿的物理学确实有错误，但是这些错误在我们的日常生活中察觉不到。所以在日常生活中，我们仍然可以使用牛顿的结论。

数学和科学，到底有什么不同？

那么，数学和科学，到底有什么不同？

我们前面曾经把数学的公理系统比喻成一棵大树。我们说，这棵大树的根就是数学公理，树干和枝叶就是利用演绎推理的工具，从这些公理中推理出来的各种数学知识。

其实，科学的知识体系也可以比喻成这样的一棵大树。科学也有公理，比如在物理学中，可以把牛顿的几大定律，以及他对宇宙的想象（时间和空间是互相独立的、均匀的），看成是这个知识体系的"公理"。在确立了公理后，科学家们开始利用演绎推理这个工具——而且主要是数学工具——从大树的根部向上推理，培养出了整棵大树。

从外观上看，数学和科学这两门知识，都同样建立在有限的公理上，都把演绎逻辑当成创造树干和枝叶的工具。这两棵大树的外观特别像，所以我们把它们统称为"理科"。

但是，这两棵大树其实有一个本质的区别：它们的根部是不一样的。或者说，它们公理的来历，是不一样的。

数学知识的公理，从本质上说，是数学家们自己设计的。好比数学家们凭借着自己的想象力，凭空创造出了一个树根。数学家们指着这个树根说："你们看，这些公理的样子多优美，这样长出来的大树一定漂亮！"果然，数学家们设计出来的大树特别好看，有些数学定理就像艺术品一样简洁优雅。

唯一的问题是，这棵大树的树根离开了地面，飘浮在半空中。这就导致树上所有的知识和现实世界都没有直接的关系。就好像我们前面举过的那个例子：如果我冷不丁地向你说了一个单纯的数字，比如"5"，你会愣住，不知道我想要说什么。因为一个单独的数字没有任何的现实意义，我必须在"5"的后面加上一个单位——"5个人""5顿饭"——别人才可能知道我想要说什么。

这就是数学这棵大树的问题：简洁漂亮，但是离开了地面，不能直接解决现实问题。

那么科学呢？

科学这棵大树的树根不是科学家们凭空编造的，而是在现实的土壤中自己成长起来的。科学家们在实验室里日夜忙碌、收集数据，他们其实就是在维护科学这棵大树的土壤。科学家们尽可能地把最全面、最精确的数据土壤堆积到一起，让科学的树根从这些数据中成长。如果树根足够优秀，最后培养出来的科学大树，就可以硕果累累。

科学这棵大树的优点，是它根植于现实的地面，因此可以解决现实问题。我们可以沿着科学的大树攀爬而上，去品尝果实、展望未来。

但是它也有缺点，就是那些培养树根的土壤不总是绝对完美的。科学家们虽尽全力保证它们的可靠，但是理论上总存在疏漏的可能。也许有一天，一些崭新的数据出现，就会动摇大树的根基。但是对于科学家来说，这反倒是天大的好事，因为一棵新的科学大树的成长，意味着会诞生无数新的科学桂冠、无数等待采摘的诺贝尔奖。这对于我们来说，也是大好事，意味着人类的科学水平又跃上一个新的台阶，科学技术又多了很多新的可能性。

所以，我们不用为了"科学不一定正确"感到失望。"不一定正确"意味着还有变得更正确的可能。如果世界所有的真相早已尘埃落定，这样的世界反倒容易让人失望呢。

下讲预告

下一讲，我们来说说"写检查"。你知道检查应该怎么写吗？什么样的检查才算是"深刻反省"呢？在"写检查"的背后，其实存在着一个重要的思维工具。是什么工具呢？

△"归纳法"

归纳法是归纳方法的简称。它是一种重要的科学方法，是指从个别事物和现象中寻求其普遍性质所使用的方法。本文所说的"归纳法"，指的是高中课本里的"合情推理"，即"不完全归纳法"，不包括"数学归纳法"。

知识小贴士

"完全归纳法""不完全归纳法""数学归纳法"

这三个词的含义很像，但是意思大不一样。

首先，这三个概念都属于"推理"。简单地说，从一些前提出发，得出一些结论，这个过程就叫推理。老师从你没带作业这个事实出发，得出来你没写作业这个结论，这叫作推理。侦探从一堆证据出发，得出谁是凶手的结论，这个过程也叫作推理。

一般来说，推理分成两种：一种是"演绎推理"。在这个推理里，好比推理的前提是一个大圆，推理出来的结果是一个小圆。小圆一定在大圆的范围内，最多等于大圆，但是绝对不能出了大圆的这个"圈儿"。所以，只要大圆是正确的，那么按照演绎推理出来的小圆，就一定是正确的。所以演绎推理的过程是绝对严谨的。我们上课说的数学归纳法，是演绎推理的一种，推理过程是严谨的。

另一种推理叫作"归纳推理"。好比我们想知道一个大圆是什么样子的。我们从这个大圆里，画出好几个小圆，我们只调查这些小圆的信息。然后根据这些信息，推测出这些大圆是什么。比如，我们想知道一个口袋里装了什么粮食，于是伸手进去抓了一把，掏出来一看，全部都是绿豆，没有别的粮食，那么我们就推测，这个口袋里装的全都是绿豆。

"归纳推理"有一种极端情况，就是我们把大圆里每一寸的位置全都调查过了。好比我们想知道一个袋子里装了什么粮食，于是把每一粒粮食都数过了。这样的归纳法，叫作"完全归纳法"。完全归纳法的推理过程也是严谨的。

但是在大多数情况下，我们为了省事，只会调查大圆里的一小部分面积，那么这种归纳法就叫作"不完全归纳法"。不完全归纳法的推理过程是不严谨的。

好，总结一下：

演绎推理（如"数学归纳法"），是严谨的。

完全归纳法（如数袋子里的每一粒粮食），是严谨的。

不完全归纳法（如通过抓一把粮食来判断袋子里装的是什么），是不严谨的。

自我检查应该怎么写?

因果
关系

◉ 本节覆盖基础课程知识点

二年级数学 | 推理

高 中 数 学 | 演绎推理

高 中 数 学 | 合情推理

你有没有写过检查?你觉得检查应该怎样写呢?

写"检查"应该写什么?

你可能觉得写检查挺容易,不就是承认错误嘛!比如,我犯了一个错误,老师让我写检查,那我就写:"哪天哪天我做了什么事,违反了学校的什么规定,我错了,我以后再也不这么做了。"——这不就行了吗?

但你有可能会遇到这样一位老师。他看了你的检查后,说你"反省得不够深刻",让你重写。可是,什么叫"反省得不够深刻"呢？我们的反应可能是：老师的意思是我写得不够痛心疾首吧？

那我就照着痛心疾首写：我做的这个事情给学校造成了多大危害，错误多么严重，我多么地后悔，我食不下咽，一定痛改前非。总之什么词能表现痛苦，就写什么词。

老师看了后，可能还是不满意，说我"还是不够深刻，重写"。老师还说："你得好好深刻反省自己，想想你到底为什么错了！"

那么，这个老师到底要我们反省什么呢？什么叫"到底为什么错了"呢？

答案是，这个老师想要你写的，是你犯错这件事背后的"因果关系"。

那什么是"因果关系"呢？

因果关系其实是一种信念。我们相信一件事情的发生，必然会导致另一件事情发生，我们就认为这两件事之间存在着因果关系。我们只有先知道了事物之间的因果关系，才能知道，应该做什么事才可以达到我们想要的结果。

比如，我们如果想提高学习成绩，就要先搞清楚，"提高学习成绩的"原因是"好好念书"，而不是"在床上打滚儿"。所以当我们某次考试考砸了，躺在床上抱着被子打滚儿撒娇时，大人会对我们说："你这样做也没有用啊，你如

请写出你犯错这件事背后的"因果关系"

果想下次考得好，还是得回去好好学习啊。"

　　实际上，我们在现实中要做任何事，都要先弄明白背后的"因果关系"。就像农民伯伯只有相信"把种子种在地里"这件事，一定会有"收获粮食"这个结果，他们才可能去种地。我们只有相信"今天好好念书"是"未来会得到回报"的原因，才会去学习枯燥的知识。如果我们不相信世上存在因果关系，就不可能主动去做任何事。

可是，我们平时相信的因果关系一定是正确的吗？

不一定。

为什么有人总要抱怨别人？

在前面几讲里，我们讲过两种推理方式。一种叫作"演绎推理"，它是严谨的；另一种叫作"归纳推理"，其中的"不完全归纳法"是不严谨的，有可能犯错。

而我们这一讲说的"因果关系"，就是靠"不完全归纳法"总结出来的，所以它有可能出错。

比如，古人有"天狗食月"的传说。每当出现"月食"现象时，古人就以为这是一只天上的狗在吃月亮。于是，古人就敲锣打鼓，去赶"天狗"。敲了一会儿，月食果然结束了，因此古人认为，这就是"天狗"在吃月亮的证据：你看，我们一敲锣，"天狗"就跑了。这说明敲锣是阻止"天狗"吃月亮的原因。

而且这样的情况不止发生一次。下一次月食又来时，古人又敲锣打鼓，月食又结束了。每次都这么"灵"，这不就是"天狗吃月亮"的"铁证"了吗？这还有什么可怀疑的吗？

可是我们今天知道，古人总结出来的这个结论是错的。

我们靠日常经验总结出来的因果关系，未必都是正确的。

类似的错误，我们今天一样难以避免。尤其是我们普通人其实不比古人更聪明多少——我们之所以能嘲笑"天狗食月"，也不是因为我们自己发现了真相。如果没有科学家告诉我们月食是怎么回事，我们自己没准也会在出现月食时跟着敲锣！

在我们的生活中，经常会错误地总结因果关系。

有这样一个社会学实验：实验者找来某个团队中的所有成员，让每个人估计一下"自己为整个团队做出的贡献"在整个团队中占的比例。比如，团队拿下了100分，你认为自己做出的贡献有10分，那就写下10%。等每一个人给自己打完分后，实验者把总分相加。结果，每次测试后得到的总数总要大于1。显然，其中有人高估了自己的贡献。而且社会学家发现，这种现象很普遍。这背后的原因，是人类在和自己有关的事情上，经常会错误地总结因果关系。如果团队做出了成绩，人们会倾向于认为，"我的努力"是做出成绩的原因。如果出现了失败，人们则会倾向于认为，"别人的失误"或者"客观因素"才是导致失败的原因。

正因为我们对和自己有关的事情判断得不可靠，所以很多思想家都强调"自我反省"的重要性。古希腊的哲学家说："未经反思的人生不值得过。"古代中国的哲学家则说："吾日三省吾身。"两大文明的先贤都不约而同地把"反省"当成重要的功课。所谓"反省"的意思，就是我们不能依靠本能总结和自己有关的因果关系，而是要用理性的眼光重新检查一遍，得出更客观的结论。

这就是"做检查"的本来含义。"做检查"的原本目的，并不是让我们忍受一次略带羞辱性质的惩罚。"检查"是一个中性词，意思是让我们用理性、客观的方式，重新分析一遍造成错误的原因。找到了这个原因，我们才能阻止错误再一次发生。

在这一讲开头我们问，为什么我们写了那么痛心疾首的检查，老师还是不满意，还要我们继续反省"到底为什么错了"呢？

这是因为，老师希望在检查中能够找到导致我们犯错的原因是什么。只有找到了导致这件事发生的原因，我们才有可能下次避免它。相比之下，"痛心疾首"的辞藻只是一堆不反映客观现实的空话。就算用词再华丽，也没有办法让我们真正改正错误。

"检查"是一个中性词，意思是让我们用理性、客观的方式，重新分析一遍造成错误的原因。找到了这个原因，我们才能阻止错误再一次发生。

下讲预告

电影里描写科学家的生活时，总喜欢让科学家写上满满一黑板的数字和公式，那些公式到底是什么东西，蕴藏着什么秘密呢？

学科辞典

△"因果性"

因果性是客观世界的现象普遍相互依存的形式之一。一定的原因必定产生一定的结果，有因必有果；反之，一定的结果，必定是由一定的原因所引起的，有果必有因。因与果的这种必然联系，就是因果律，即因果性。

△"归因错误"

本文中的"归因错误"指的是"动机性归因偏差"，归因者的某种动机因素造成了归因时对信息资料认知加工的偏差。

函数思维

解应用题的
奥秘是什么?

函数
思维

◉ 本节覆盖基础课程知识点

五年级数学 | 简易方程

五年级数学 | 追及问题

七年级数学 | 从算式到方程

八年级数学 | 函数

你有没有见过电影里的科学家? 电影为了表现科学家特别厉害, 常常让科学家写满一大黑板的算式。这些算式里有各种各样的字母和符号。我们虽然看不懂, 但是会觉得这个科学家很厉害, 好像在进行非常高级的研究。

那么, 那些科学家在黑板上写的是什么呢? 除了随意写的算式, 其中大部分带字母的算式, 都是函数式。我们在整个中学阶段, 尤其是高中阶段, 会花大量的时间学习函数。

那函数到底是什么呢?

函数到底在研究什么？

我们刚接触函数时可能会有点困惑，因为函数和我们学过的算式很不一样。

我们之前学过的算式里，除了"加、减、乘、除"这些运算符号，剩下的全都是数字。但是在函数里，会出现很多英文字母。而且老师还会说，这些英文字母不是一个确定的量，它们叫作"变量"。

我们第一次听说"变量"时，会感到不习惯。因为我们习惯的数字是精确的，每一个数字都是一个确定的量，是不变的。现在老师突然跟我们说，这些字母的量可以随意变来变去，我们会很不适应。

但其实，函数的重点不是"变量"。函数想要表达的，是不变的、确定的东西。准确地说，表达的是"量和量之间的确定性关系"。

科学家之所以很喜欢函数，就是因为谈论"量和量之间的关系"比谈论单独的量，更容易反映出一件事的本质。

举一个例子。假设我是一个学生，我今天本来心情挺好的，但是我和朋友发生了一点小争执。这个朋友跟我说了一句气话："你这个人太糟糕了！"

我心里明白，这个争执是一件小事儿，不重要。但

> 函数的重点不是"变量"。函数想要表达的，是不变的、确定的东西。准确地说，表达的是"量和量之间的确定性关系"。

不知道为什么，朋友批评我之后，我一整天心情都非常不好。我仔细一想：这事儿不对啊。朋友之间说气话很常见，我也知道朋友不是有意的，那为什么我的情绪会这么糟糕呢？

现在我要反思这件事。

这个反思有以下几种方式：

第一种，只关心某个具体的量。比如，我只关注自己心情的好坏。

我会发现，这件事情的问题是我自己的情绪波动太大。明明人家没有恶意，我还这么生气，说明我的反应过激了。那么得出的结论是：我要反省自己，以后要好好控制自己的情绪，不要再让情绪波动得那么剧烈了。

还有第二种反思的方式。我们可以把关注的范围扩大一点，关注两个量：一个是我自己的心情的好坏，另一个是朋友对我的评价。

如果我关注这两个量，就会发现，原来我心情的恶劣是有原因的：是因为我的朋友批评我，我的心情才变恶劣的。既然"朋友的批评"是导致"我心情恶劣"的原因，那这件事情就很容易解决，从原因入手嘛。那我们得到的结论就是：以后远离这个朋友，少和他说话，那我的心情就不会那么糟糕了。

以上这两种方法，我们关注的都是具体的量。

如果我们关注的是量和量之间的关系，会出现什么结论呢？

那我们应该关注的，就是"我的心情的好坏"和"朋友对我的态度的好坏"，这两者之间是什么关系。我可能会发现，这件事特殊的地方在于，这个朋友对我的态度给我情绪带来的影响比一般人带给我的影响要大。正常情况下别人开玩笑我不生气，一到朋友这里我就气得要命。

这就说明，我和朋友之间的关系是特殊的。相比其他人，我更在乎他对我的评价。那么结论就是，他对我来说不是一般的朋友，而是感情深厚的朋友。

你看，以上三个结论：第一个结论是我自己心情不稳定，第二个结论是我应该少跟朋友说话，第三个结论是我和朋友之间的关系不一般。显然，最后一个结论更接近事情的本质，更有助于我解决问题。

这就说明了，我们关注量和量之间的关系时，更容易发现事情的内在规律，更容易发现问题的本质。这就是函数的作用。

为什么心情这么难受？原来是函数作用。

我们关注量和量之间的关系时，更容
易发现事情的内在规律，更容易发现问题
的本质。这就是函数的作用。

应用题的万能解法

我们前面曾说，数学模型可以帮助我们解决现实中
的问题。可是，数学模型具体是通过什么手段帮助我们
的呢？

因为函数式能够描述量和量之间的关系，反映问题背
后的规律。所以很多数学模型，都是通过函数式来帮助我
们解决问题的。有了数学模型，我们把从现实中收集到的
数据代入函数式中，就可以得到我们想要的结果。

就好比那个数水果的原始人，他建立的函数式是"第
二天早晨的水果个数大于等于前一天晚上的水果个数"。然
后他分别数了两天的水果个数，代入这个函数式中。如果
函数式成立，就一切正常；如果函数式不成立，就说明水
果丢了。

在小学阶段，我们也会接触到和数学模型有关的题目，

就是应用题。当然小学的应用题比较简单。如果是大学里的数学模型题，老师就会让我们自己负责建立数学模型；而对于小学的应用题，老师会事先把建立好的模型教给我们，我们直接算得数就可以了。

比如，"路程问题"。如果是大学里的数学建模题，可能会问："我要开一辆车从 A 地到 B 地，我想知道需要多长时间"。这个问题该怎么解决呢？这需要你自己想，没有人提供思路。答题的学生就要说："要解决这个问题，我需要用到什么数学模型，收集什么数据，收集来的数据怎么处理。"这些全都需要回答。

而小学的应用题呢，直接就告诉我们："路程是多少，速度是多少。"老师还会教给我们一个关系式："路程 ÷ 速度 = 时间"。只要我们想起这个关系式，代入得数，这道题就能被做出来。

那有人可能会说，这道应用题其实不就是一道计算题吗？这和数学模型有什么关系呢？关系就在于那个关系式："路程 ÷ 速度 = 时间"。它其实是一个函数式，表现的是"路程""速度""时间"这三组数量之间的关系。正因为这三组数量都是可以随时被代入数据的"变量"，所以这个关系式对于路程问题是"万能"的。我们只要把对应的数据代入模型，算出得数就可以了。

这就是应用题的奥秘：应用题要我们寻找的，是数量和数量之间的确定性关系。我们平时背的关系式，就是关于这些确定性关系的答案。我们遇到陌生的应用题，解题的关键，就是要先找到这个应用题里一共涉及了多少量，然后寻找这些量之间的关系。只要把关系建立起来我们就知道这道题该怎么做了。

下讲预告

下一讲，来讲一讲人类数学史上一次巨大的挫折：第一次数学危机是怎么回事。

学科辞典

△ "函数"

函数即变量之间确定的依从关系。

△ "函数式"

函数式即"解析表达式"，表示自变量、常量与运算符号的组合。并不是所有的函数都可以写成解析表达式。

哪个数学发现会害人丧命？

○ **本节覆盖基础课程知识点**

七年级数学 | 无理数和实数

七年级数学 | 第一次数学危机

八年级数学 | 勾股定理

高 中 数 学 | 数系的扩充

高 中 数 学 | 毕达哥拉斯学派

在数学史上，曾经发生过好几次"危机"，每一次数学危机都给当时的数学家带来了巨大的挑战。而数学危机的最终解决，代表着人类的数学水平又被提高到了一个新的层次。这一讲，我们来说说"第一次数学危机"是怎么回事。为什么一个看上去非常简单的问题，会困扰数学家两千多年？

在前面，我们讲过"离散"和"连续"的概念。那么你认为，咱们生活的世界是连续的吗？时间和空间是连续的吗？我们可能永远也没有办法知道。因为我们就生活在时间和空间中，所以无论时间和空间是不是连续的，我们都没有办法察觉。

我们能不能知道时空是不是连续的？

假如现在有个神仙，他有能力控制我们世界的时间，控制的方法就像我们用电子设备看视频一样，点一下视频画面，画面就会暂停。那个神仙如果在观察我们的世界时，也按了一下暂停键，这时，我们在这个视频里就静止不动了。神仙的世界是正常的，但是我们生活的世界里，时间

我们能不能知道时空是不是连续的？

已经凝固了。

然后过了几秒钟，神仙又按了一下视频画面，我们在视频里面又继续运动。

站在神仙的视角来看：我们世界的时间是间断的，断了几秒钟。但是我们自己呢？我们自己感觉不到时间是间断的。

这就好比我们在看电视剧时，假设里面正在演两个人吃饭。我们看到这儿，关了视频，过了三天打开再继续看，那两个人还在那吃饭。那你说，电视里面的这两个人知不知道自己已经饿了三天？当然不知道，他们以为自己一直在吃饭，时间是没有断的。

在刚才的例子里，我们的世界就好像是电视里面那个人，我们的时间是不是间断了，我们永远也不知道。所以从这个角度可以说，人类永远无法察觉时间是不是连续的。空间也类似。

第一次数学危机是怎么发生的？

古人和我们的想法不一样，他们的观点很朴素。他们通过观察周围的世界，很容易认为时间和空间就是连续的。

比如，古人拿起一根木棒：他会想，如果这根木棒是不连续的，那它不就断掉了？另一头不就应该掉到地上了吗？我拿着它没掉，就说明这根木棒是连续的。所以中国古人有一个说法，叫作"一尺之棰，日取其半，万世不竭"，意思是说一尺长的木棒，每天分割一半，我可以永远地分割下去，永远也分割不完，因为它是连续的。

既然古人认为世界是连续的，那么当他们用几何学去模拟客观世界时，很自然地就把几何模型也设计成连续的。比如，我们平时学习的几何学，是古希腊数学家欧几里得设计的。在这个体系里，欧几里得直接把直线和平面都定义成连续的，所以我们使用的这套几何学里，天生就有"连续"的概念。

可是，我们数数的时候用的可是"离散"的思想，如果我们用一个离散的数字去描述一个连续的几何图形时，会发生什么呢？会发生矛盾。

这个矛盾就出现在古希腊的时候。当时的数学家只知道这个世界上有正整数和分数。他们认为，这两种数字就是宇宙里的全部数字。

可是古希腊还有一些数学家，他们发现了几何中的"勾股定理"。勾股定理可以用来计算一个直角三角形的斜边的长度。比如，对于一个边长为 1 的正方形，根据勾股定理，我们能算出这个正方形的对角线的长度是 $\sqrt{2}$。

古希腊人看见这个 $\sqrt{2}$ 就很奇怪，因为 $\sqrt{2}$ 不是正整数，也不能用分数来表示，如果写成小数，小数点后面的数字永远也写不完。用我们现在的话说，这个$\sqrt{2}$是一个无限不循环的小数，也就是一个无理数。这个数字是古希腊人从来没有见过的。

我们今天或许觉得，这不是什么大问题。既然出现了一个没见过的数字，我们就把它当作一个新事物接受，再起一个名字叫作"无理数"不就好了吗？但是古希腊人没有想通这件事，他们拒绝接受$\sqrt{2}$。

你可能会问，为什么他们不愿意接受呢？不就是一个无限不循环小数吗，有什么不好理解的呢？古希腊人遇到的困难是：他们没有办法接受一个永远也写不出精确值的数字。

古希腊人之前知道的整数和分数，都是绝对精确的，我们写出多少它就是多少。但是无限不循环小数不一样，我们无论写出多少位小数，都不可能绝对精确地表达出它到底是多少，只能不停地接近它。也就是说，我们发现了一个用理性思维永远不能表现的数字。这意味着，宇宙中有一些事物是人类的理性理解不了的，人类的理性思维有局限性。然而在古希腊，很多人都特别崇拜理性的力量，认为理性可以揭示宇宙中的一切奥秘。而且数学这门学科，恰恰就是建立在理性的基础上的。

所以对于古希腊人来说，$\sqrt{2}$不是一个简单的数字，它是摧毁人类理性的武器，是说明理性无能的证据。这样的数字，怎么能留在这个世界上呢？

据说发现 $\sqrt{2}$ 的人，是数学家毕达哥拉斯的一个学生。毕达哥拉斯本人极其崇拜数学，认为有理数是绝对完美的。当他的学生发现 $\sqrt{2}$ 后，毕达哥拉斯禁止别人知道 $\sqrt{2}$ 的存在，他还下令把那个发现 $\sqrt{2}$ 的学生给扔到海里淹死了。这恐怕是个传说，但是可以借此说明，第一次数学危机对古希腊人的打击。

下讲预告

人类到底是怎么解决第一次数学危机的？

我们下一讲来讲。

学科辞典

△ "无理数"

不循环的无限小数。

算术和几何
是一回事吗？

数轴

第一次数学危机打击了古希腊人对理性的信心，那它最后是怎么被解决的呢？

西方数学家在刚遇到这个难题时，选择了最简单的解决方案，就是逃避。

他们因为没有办法理解无理数，所以解决方案就是禁止无理数出现。也就是规定，不允许对 2 开根号，就像我们今天规定分数的分母不能为 0 一样。

这样看上去是解决了问题，但是又产生了新的问题：数学家明明可以在几何图形里画出长度是 $\sqrt{2}$ 的线段，现在又强行规定 $\sqrt{2}$ 没有意义，那这个线段的存在怎么解释呢？

对此，西方数学家的解决方案是，把算术和几何分成两个截然不同的学科。我们在加减乘除里算的是一种东西，在几何学里研究的是另一种东西，这两个学科之间互相没有关系。$\sqrt{2}$，只能出现在画出来的几何线段上，而不能被写成一个数字，也不能出现在数字的运算中。

于是在很长一段时间里，西方的算术和几何是分开的，是两个不同的学科，而且西方数学家还认为，几何学要比算术更高贵。

为什么几何学比算术更高贵？

我们前面介绍过"公理系统"。在过去很长一段时间里，在数学这个学科中，只有几何学中有公理系统，也就是欧几里得建立的"欧氏几何"，算术里没有公理系统。因为公理系统极其严谨、优美，是人类理性的骄傲，所以古代人就认为，几何学要比算术更高贵。古希腊人觉得，算术只是商人买卖东西记账用的工具，那是奴隶干的事，我们是高贵的哲学家，只研究几何，不屑于学算术。

我们在中学的数学课上，有可能会接触到"尺规作图"。尺规作图就是古希腊人研究出来的东西，是用没有刻度的直尺和圆规，绘制几何图形。

为什么要这么规定呢？为什么尺规作图时，不允许用直尺的刻度，也不允许用量角器呢？那是因为在古希腊人看来，你读尺子上具体的数字，算那几厘米长，都是做买卖量土地的时候干的事，那不高贵。古希腊人研究几何可不是为了算账，而是为了研究宇宙中的真理，他们是拿几何当哲学研究的。

所以就有这样一个传说：有一个人找欧几里得学数学，学了一段时间后，这个人问欧几里得："我学了这些数学有什么用啊？"欧几里得一听这句话，立刻叫奴隶给这个学生一个铜板，说："你走吧，你不是拿到钱了吗？你已经得到了有用的东西，你赶紧走。"他的意思是，我们数学根本不屑于有用，算账根本就不是我们想干的事。

由于古希腊数学的这个传统，在很长一段时间里，算术都是依附于几何学的"低等"学科。在我们今天的数学里，还保留了这样的痕迹。

比如，二次方运算，"平方"的英文是 Square，是"正方形"的意思。因为正方形的面积正好等于它的一个边的平方，也就是说，西方人最早是用几何学里的面积来定义

我学了这些数学有什么用啊?

古希腊人认为，几何学要比算术高贵，所以他们不屑于学数学是否有用。

算术里的平方的。类似地，三次方，也就是"立方"的英文是 Cube，是立方体的意思，也是用几何学里的体积，来定义算术里面的三次方的。

什么是"一一映射"?

在我们今天，算术和几何当然是不分开的，都叫"数学"，而且也没有谁比谁更高贵的问题。那是谁改变了这一切呢？

立功的，是一种非常重要的数学思想，叫作"一一映射"。

前面讲模型时，我们说过，模型负责连接现实问题和数学工具。那么你有没有想过，是什么负责连接模型和现实问题呢？

举一个例子。我们在好莱坞电影里看过这样一个场景，有一群劫匪打算去抢银行。在开始行动前，他们要制订计划，于是策划人就弄了一个大桌子，在上面摆了很多外观普通的盒子。策划人把这些盒子摆成街道的样子，还摆了好几个小棋子。然后他拿着那些小棋子，对同伙说："你，这么这么行动；你，在这里放哨。"

在这里，桌子上的这些盒子就是一个"模型"，对应的是真实的街道。可是这堆盒子外观太普通了，如果策划人事先不作任何说明，我们光看那些盒子，就看不出来它是一个模型，只觉得是一堆普通的盒子。

这堆盒子是怎么变成街道的模型的呢？这是因为策划人的一个关键动作，即他指着这些盒子说："这个盒子就是银行，这个盒子就是仓库。"他的这个动作，用数学思维的话说，就叫作"——映射"，也就是我们常说的"对应"。在这里就是把每一个盒子和现实中的每一个建筑物——对应起来。

只有使用了——映射的思想，模型才能真的和现实问题连接起来。

比如，原始人在用正整数数水果时，实际上就是给每一个水果和每一个正整数之间建立了——映射的关系，一个水果对应着一个数，这堆水果才能开始被数。

再如，古代有个将军，他想数出自己军队的人数，可是人数太多数不过来，怎么办呢？他就让每一个士兵都往一个碗里扔一个石子，然后数那一碗石子就行了。这里利用的就是士兵和石子之间——映射的关系。

又如，学校用学号管理学生，学号和学生之间也是——映射的关系。

只有使用了——映射的思想，模型才能真的和现实问题连接起来。

"一一映射"可以把两个结构相同的东西连接在一起。有了这个工具，我们就可以解决算术和几何分裂的问题了。

是什么连接了算术和几何？

在几何学中，当我们说"这条线段的长度是 2 厘米，那条线段的长度是 3 厘米"时，其实已经暗含了一个前提，就是线段上的点和数字是可以一一对应的。而第一次数学危机的问题是，我们在线段上发现了一些点，这些点在有理数里找不到，没有办法一一对应。

而最后的解决方案呢？就是我们强行规定，一条直线上的点和数字是可以一一对应的，找不到对应的数字我们就创造出数字来。这条每一个点都代表着一个数字的直线，就是我们在中学数学课上要学的数轴。

利用"一一映射"的思维方式，数学家创造了数轴。有了数轴，人们才能真正解决掉第一次数学危机。

古希腊数学家算不出来 $\sqrt{2}$ 是什么，是因为他们觉得 $\sqrt{2}$ 的小数点后面的数字永远也写不完，于是人类永远无法精确地用小数表达出 $\sqrt{2}$ 来。这样的数字太怪了，让人没有办法接受。有了数轴的概念后，数学家就能认识到，$\sqrt{2}$ 就是数轴上一个固定的点，它的位置是精确的。写不出来是我们人类没有选择合适的表达形式，我们不应该用小数的形式去表示$\sqrt{2}$，$\sqrt{2}$本身没有什么不好。$\sqrt{2}$和1、2、3、4这些数字没有本质的不同，它们在数轴上都是一模一样的点，所以$\sqrt{2}$可以使用和有理数一样的运算规则。

这样，数学家才慢慢地接受了$\sqrt{2}$。在数轴发明了两百多年后，数学家严谨地证明了无理数的存在，第一次数学危机才彻底被解决。

 下讲预告

下一讲，我们来聊一聊数学模型和现实世界之间的关系。我们说过数学模型需要从现实世界中获取数据，那么具体获取什么数据，该怎么得到这些数据呢？

△ "——映射"

如果映射 f 是集合 A 到集合 B 的映射，对于 A 中任意两个不同的元素，它们在 B 中所对应的元素也不同，则称映射 f 为集合 A 到 B 的 "单射"；如果对于 B 中任一元素，都有 A 中某一元素和它对应，则称映射 f 为集合 A 到 B 的 "满射"。

一个对应关系如果既是单射又是满射，则我们称这一对应关系为 "——映射"。

统计思维

谁决定了
社会的规则？

统计学

⊙ 本节覆盖基础课程知识点

一年级数学 | 分类与整理

二年级数学 | 数据收集整理

四年级数学 | 平均数

八年级数学 | 数据的分析

高 中 数 学 | 统计

高 等 数 学 | 数学模型

　　前面曾经说过，我们可以把科学看成是用来解决现实问题的数学模型。可是，模型不能直接用来解决问题。在使用模型时，我们需要把现实问题中的数据代入模型里。那么，这些数据是从哪里来的呢？负责完成这个任务的，就是统计学。

怎么从现实中提取数据？

我们在讲原始人数水果时曾经说过，一堆水果有很多很多的属性，个数、大小、颜色……但是原始人只选择研究水果的个数，而忽略掉了其他属性。

如果你问原始人，他为什么只选个数？那个原始人可能回答不上来，因为对他来说，这就是一种直觉。但是在今天，我们必须有一套严谨的理论来回答，我们应该从现实中提取哪些数据，忽略掉哪些数据，这就是统计学要研究的内容。

比如，到了期末，学校领导要评估每一个老师的教学成果。但是每个班上有那么多学生，有那么多分数，领导如果把成绩单直接拿过来一看，全都是密密麻麻的数字，他怎么能很快地分辨出每个老师教学的效果呢？

于是，校领导就需要使用一个统计学的工具，这个工具叫作"平均数"。也就是说，领导可以计算出全班学生的平均成绩，用这个数字来评估每个老师的教学水平。

再如，如果学校打算评估学生的学习成绩，直接统计分数也不行，因为每一次考试的难度不一样，单纯的分数高低其实代表不了什么。这时需要使用的统计工具，就是"排名次"。这样当别人问我学习成绩时，我就不用具体地回答，我语文考多少，数学考多少，这次卷子是难还是容易，全班平均分是多少……我只需要直接回答我是全班第几就够了。

但是统计学也有缺点，我们很难找到一种完美的统计方法。每一种统计方法都有自己的缺点。

比如，我们准备中考或高考时，老师都会强调说，我们一定不能偏科，要优先补差科，而不是去提高擅长那科的成绩。为什么呢？因为在一个学科里，大部分学生的成绩会位于中上的位置。比如，一科的满分是 100 分，那么大部分人可以考到七八十分。如果你有一科特别强，你为这科付出了很多很多的努力，那你的成绩也不过就是从 80 分提到了 90 分，最多也就能提高十几分。相反，如果你有一科总不及格，那么这科给总分带来的影响就是好几十分。也就是说你如果有一个差科，哪怕另外再有三四个强科，成绩也还是拉不回来。

所以，按照总数统计名次的方式，会对天才型的偏科学生不公平。有些著名学者就严重偏科，如国学大师胡适、钱钟书，他们的数学成绩非常不好。如果大学是按照这种方式来录取学生，他们可能就没有上大学的机会。

当然，我们可以换一种方式来统计成绩，但是这又会带来其他缺点。比如，我们如果照顾了偏科的学生，对于那些平均发展的学生就又不公平了。

怎么选择统计方法？

正因为每一种统计方法都有缺点，所以我们在选择统计方法时，要非常谨慎。前面讲数学模型时，我们曾经说过，从现实中选择不同的数据就能建立起不同的数学模型。而不同的统计方法会为我们提供不同的数据，会改变我们建立的数学模型，从而影响我们解决问题的思路。

举一个例子。你有时会听人说，考试成绩不代表一切，就算成绩考得再好的学生，到了社会里也可能没有用。比如，某一个高材生在学校里学习成绩特别好，到了社会上却找不到工作。

为什么会出现这样的情况呢？这是因为，学校里用来评价学生的数学模型和社会评价人的模型，采用的统计方式并不一样。

我们在学校里面评价一个学生的能力高低，采集的数据是考试分数。但是到了社会以后，公司评价一个人的统计方式，突然变成了这个人的资历、工作成绩，甚至仅仅是谈吐。因为大家采取了完全不同的统计方式，所以产生了不同的统计结果。给我们的感觉，就是社会运行的规则和学校完全不一样。

打个比方，统计学像一副有色眼镜，我们戴着什么样的眼镜去看这个世界，这个世界就是什么样子的。好

统计学像一副有色眼镜，直接决定了用什么样的视角去
解决问题。

比同一个高材生，当我们戴着考试的眼镜去看他时，他就是一个难得的人才，但当我们戴着工作资历的眼镜去看他时，他就变成了一个不起眼的小人物。

这就是统计学的重要性，它直接决定了我们用什么样的视角去解决问题。

在现代社会，几乎所有可靠的信息都来自统计数据。大到一个国家决定经济政策，小到一个人判断自己的人生方向，我们所能参考的信息都是各种各样的统计数据。无论是我们选择学校时参考的学校排名，还是买东西时参考的商品的排序规则，都离不开统计数据。

所以在现代社会，学习统计学格外重要。在我们的周围，有很多人会利用统计技巧，创造出他们想要的数字。明明是损失，经过一些统计技巧的处理，数字看起来好像是在"增长"；明明这件事们吃亏了，经过修饰之后的数据，反而让我们觉得自己在占便宜。如果我们不掌握统计学，搞不清楚每一个统计数据背后的优缺点，就会变成一个空有一堆数据却看不清真相的人。那样一来，我们做出的各种决定看似深思熟虑，其实很容易被别人左右。

下讲预告

　　统计学非常重要，但是在现实中的数据那么多，有什么好用的统计工具呢？下一讲，就来讲一个非常好用的统计工具。

学科辞典

△"统计学"

　　统计学即研究搜集、整理和分析大量事物数量变化和关系的科学。

世界是随机的还是必然的？

概率和随机

◉ 本节覆盖基础课程知识点

五年级数学 | 可能性

九年级数学 | 概率初步

高 中 数 学 | 统计与概率

这一讲，我们来讲一个生活中随处可见的问题：概率和随机。你说，这个世界到底是随机的还是必然的？

电子游戏究竟好玩儿在哪儿？

你有没有注意过这样一个现象，很多的娱乐项目只要加入一点"随机性"，就会变得更好玩儿。

比如，玩电子游戏时，我们控制一个英雄去打怪物，打倒怪物以后，这个怪物掉落的奖励就常常是随机的，有可能掉金钱，有可能掉装备，装备有可能是普通的也有可能是高级的。这种设计会增加我们打怪物的动力。

再如，玩儿扑克牌的时候，玩儿之前要洗牌，玩儿桌面游戏的时候，要掷骰子，这些都是为了增加游戏的随机性。如果没有随机性，游戏就会变得非常无聊，因为人类在娱乐的时候都喜欢新鲜感，喜欢变化。

但是，我刚才说的那些都是真的随机数吗？

其实不是的，电子游戏中的随机数并不是真正的随机数，而是"伪随机数"，也就是假的随机数。这是因为计算机里运行的程序基于数学规则，就像我们做数学题一样，每一步是什么结果都是由上一步严格决定好的。所以计算机没有办法生成真正的随机数，只是假装生成随机数。具体的做法，一般是从一个预先设定好的数列里取出几个数字，然后经过一系列的计算，得出的结果让一般人看不出规律，我们就觉得它好像是真的随机数。

洗扑克牌、掷骰子生成的也不是真正的随机数，因为在牛顿的物理世界里，所有的物体的运动都遵守着严格的物理定律。在理论上，洗扑克牌、掷骰子的最终结果，其实是由我们手指的力量、扑克牌和骰子的质地等物理属性严格决定好的。

换句话说，在计算能力足够强时，那些生活中我们以为是随机的东西其实都不是随机的。就好比我有一台精密的计算机，能够在骰子离开手的那一瞬间收集到骰子的全部物理数据，那么最后骰子的哪一面朝上，对我来说就不是一个随机事件，而是一个必然事件了。

那你可能会问，既然以上事件都是必然事件，为什么我们还要有一个叫作"概率"的概念呢？在人们掷骰子时，我们为什么不去谈论那个骰子的各种物理状态，而是要说骰子每一面朝上的概率都是1/6呢？

答案是：因为决定骰子哪一面朝上的物理量实在是太多了。

在现实中没有任何一个人、任何一台机器，可以在骰子离开手的那一瞬间捕捉和计算全部的物理量。因为计算能力达不到，所以就只能退而求其次，用一个更粗略的模型来解释骰子下落的结果，这个模型就是概率。

换句话说，概率帮助我们降低了统计数据的难度。当我们要观测的数据太多、太复杂时，就可以使用概率这个工具。

这个世界是随机的还是必然的？

你认为这个世界是随机的还是必然的？

我们平时会有两种看法：一种看法是这个世界上充满了随机性，如我们会说："哎呀，今天真倒霉，我上课说话，又被老师抓到了。"或者"今天上课老师没有叫我回答问题，我真幸运。"当我们说到"倒霉"和"幸运"这两个词时，我们认为这个世界是随机的。

可是，有时我们又会觉得很多事情是必然的。比如，我们会说："这件事情我早就料到了，我早知道会这样。"这句话的意思是，之前我已经预测到了这件事情会发生，它的发生对我来说是必然的。

那么这个世界到底是随机的还是必然的呢？

其实，刚才讲的内容已经回答了这个问题。我们刚才说，所谓的随机和必然之间的差别，仅仅在于我们处理数据的能力不一样。所以，只要我们提高了对客观数据的处理能力，那世界在我们眼里的必然性就会增加。

这就是为什么古人总要说"听天由命"，因为他们对数据的处理能力太差了，世界在他们的眼里就是随机的。

比如，古代有个农民，如果遇到风调雨顺，就会跪在地上说："谢谢老天爷照顾我，我的运气真好。"如果有一天他突然遭灾了，他会说："哎呀，老天爷对我不好，我的运气真差。"这是因为在古代人的眼里，天气的变化充满了随机性，是不可预测的。而现代人遇到了好天气不会谢谢老天爷，因为我们能处理关于天气的数据了。我们有大气预报，天气在我们的眼里就不是随机的了。

我们对生活的把握也是这样，你会看到有些人经常感叹说："哎呀，我这个人的命不好。"这样的人，可能是对生

提高对客观数据的处理能力，减少"听天由命"的认知

活缺乏思考，因为他无法总结出他遇到的每件事情的原因是什么，统计不出这些数据，就只能认为人生中的事件都是随机的。更强大的人，他们在遇到事情时已经做好了准备。这种人收集数据的能力很强，世界对他们来说有更多的事情是必然的，所以他们能做到处变不惊。

换句话说，我们如果想对自己的人生更有把握，最好的办法就是提高数据的收集和处理能力。

下讲预告

下一讲，我们来讲概率的另一个用处：概率不仅可以帮助我们简化数据，还可以提高我们预测未来的能力。这是怎么做到的呢？

学科辞典

△"随机现象"

随机现象即在一定条件下进行试验或观测，所得到的结果不能被完全确定的现象。

△"概率"

概率是描述随机事件发生可能性大小的度量。

谁能预测世界的未来?

统计学与预测未来

你认为我们上课学习知识是为了解释过去,还是为了预测未来?

答案其实很简单:我们最重要的目的是预测未来,而不仅仅是解释过去。

比如,我们学了物理学,如果只是解释过去已经存在的机器的原理,那产生的价值并不大。更重要的是可以用物理学设计出一个从来没有见过的新设备，而且能在理论阶段就预测这样的设备能不能用。不仅是物理学，其他学科也是这样。如果一个理论不能预测未来，就不能指导我们该怎么生产和生活，这样的理论就没有用。

用物理学去预测一个小车、一个小球的运动状态，那很容易。但是当我们试图预测一个社会的未来时，那就复杂了。因为社会是由千千万万个人组成的，有无数的因素在影响它的运转，它的数据太多了，我们计算不过来。我们必须想办法简化数据。这就是那个原始人在数水果时要做的事，也是统计学和概率学要做的事。

统计和概率是如何简化数据的？

统计和概率是怎么帮助我们简化数据的呢？举一个例子你就明白了。

有一个理论，叫作"中心极限定理"，指的是这样一种情况：如果有一件事情，它是由很多个小的随机事件综合决定的，而且其中每一件小事都起不到决定性的作用，那我们在预测这件事情时，就可以忽略掉这些小事件，直接估算出整个事件最后的概率。

这个概率的样子叫作"正态分布"。把这个分布画成图形，图形就像是一座隆起的小山，两头扁，中间高。也就是说，在这个事件里处于中间状态的结果非常多，极端的结果却非常少。

现在你可能还有点儿糊涂，没关系，我再举个例子。

在一个年级里，所有学生的学习成绩就符合这个定理，因为大家进入学校时的成绩都差不多，其余那些能够影响学生学习成绩的因素——学习习惯、学习方法，以及最近的学习状态——一般都不是决定性因素。所以统计了全年级的成绩后，我们会发现，统计的结果往往就是"正态分布"，也就是成绩中等的学生特别多，成绩特别好和特别差的学生非常少。

这背后的原因是，那些影响学习成绩的小因素会互相抵消：我们大部分人的成绩都是不高不低的。我们有时候爱学习，有时候爱玩儿；我们有喜欢的科目，也有讨厌的科目，我们都是各种因素混合在一起的中庸分子。只有非常少的、运气特别好或者特别差的人，他们身上偶然集中了所有的极端因素，才会成为少数成绩极端的孩子。

我们能掌握未来吗？

"中心极限定理"的价值在于，它给了我们统计宏观现象的信心。它告诉我们，面对海量的数据时，我们可以忽略掉一些细节，因为这些细节的数据是可以互相抵消的。

这样，我们在研究宏观问题时就可以降低计算量。

举一个例子。假设你是一个校长，需要关注全校学生的学习情况。有一天，你路过一个教室时，突然发现有一个学生的橡皮掉到地上了。这是学校里出现的一个新情况，而且也确实会影响学生的学习成绩——如果学生去捡橡皮，就会影响他几秒钟的学习时间。那么你作为校长，会重视这个偶然事件吗？

你会重视"掉橡皮"这个偶然事件吗？

当然不会，因为这件事太小了，它的影响会和其他事件抵消。比如，如果学生因此耽误了几秒钟听老师讲课，那他大可以根据老师的前言后语，把缺失的这几秒钟的讲课内容靠联想补上；如果他耽误了几秒钟写作业的时间，那他肯定会减少几秒钟的娱乐时间，把作业写完再玩儿。换句话说，整个学校系统，就好像有一种"自我修复"的能力，绝大多数偶然发生的小事件，会被系统自动修复。

类似地，我们在研究政治学、社会学、宏观经济学等学科时，往往会忽略掉个人的随机行为，而只关心那些比较大的数据，通过计算这些大数据，就可以预测社会未来的走向。按照这个思路，只要我们不断地提高观测和计算能力，不断地改进数学模型，总有一天，我们可以用数学的方法预测人类的全部未来。

这个理想的最高境界，是美国科幻小说家阿西莫夫写的一套科幻小说，名字叫作《基地》。这个小说里虚构了一门技术叫作"心理史学"，它可以以数学的方法计算出人类的未来。

阿西莫夫的灵感来自热力学。

我们在初中的物理课上会学到热力学。热力学研究的是气体压力和温度的关系，比如我们在烧水时，温度高到一定程度，水壶盖就会被水蒸气顶起来。这里的规律到底是什么呢？这就是热力学要研究的问题。

从微观上看，气体是由一个一个分子组成的。可是气体分子不像固体的分子那样紧密排列在一起，气体分子就好像课间时操场上的小朋友，在同一时间里，每一个分子都有可能朝着任何一个方向运动，而且分子之间还要不停地互相碰撞、改变方向。如果把一个空间里所有分子的运动状态都写出来，那是一个非常浩大的工程，最强大的计算机都不堪重负。

该怎么研究它们呢？物理学家们发现，从宏观上看，其实我们不用管每一个空气分子的运动状态。因为根据牛顿力学，所有气体分子的动能最后都会转化为气体向外的压力，也就是气压。那么，我们就不管每个分子具体是怎么运动的，直接关注气压和温度的关系就可以了。这就是我们在中学物理课上学到的气体压力公式，写出来非常简单，而且绝对精确。

阿西莫夫认为，可以模仿热力学的思路，用同样的方式来观测整个人类的活动。

从微观上看，每个人的活动都是随机的，因为人有自由意志，自己想干什么就干什么。可是从宏观上看，我们可以找到一些方法，忽略掉自由意志对宏观趋势的影响。只要我们的数学公式足够精妙，就应该可以利用今天的数据去预测整个人类的未来。

下讲预告

阿西莫夫认为，可以利用今天的数据预测整个人类的未来。这个理论听起来很有道理，可它是错的。下一讲，我们来说一说，它到底错在哪里。

 学科辞典

△"中心极限定理"

中心极限定理是指概率论中讨论随机变量序列部分和分布渐近于正态分布的一类定理。

数学与人类

数学能不能用来计算未来？

混沌系统
（上）

上一讲，我们讲了科幻作家阿西莫夫的设想，他认为可以用数学公式预测人类的未来，以后会不会打仗，国家会不会灭亡，用数学一算就知道了。人类曾经相信过这一点。有一个法国数学家叫拉普拉斯，他就认为，如果我们能掌握宇宙中每一个粒子的物理状态，那么就能预测出未来的一切。

但是，这个设想在 20 世纪破灭了。

我们能否预测未来?

在 20 世纪中叶，有一个美国气象学家叫洛伦兹。注意，这个洛伦兹不是那个物理学家洛伦兹。这个洛伦兹是个气象学家，他在研究天气预报的时候，建立了一个能预测天气的数学模型。他在用计算机运算这些模型时，发现了一件非常奇怪的事：他输入了两个一样的数据，但是算出来的结果却有巨大的差别。

计算机程序不会出错。所以洛伦兹就研究自己错哪儿了。结果他发现，他两次输入的数据确实不一样。有一个数据，他第一次输入的时候取的是"小数点后六位"，第二次输入的时候取的是"小数点后三位"。其实这并不是一个真正的"错误"，因为小数点后三位的数，已经是千分之一的误差了。这么细微的数据，我们平时计算的时候也经常会四舍五入忽略掉，而一般这么做都不会改变计算的结果。可是这一次，就是这样一个不起眼的小变化，让整个计算结果全变了。这就和我们上次讲的"中心极限定理"的结论正好矛盾。

上一讲我们说，"中心极限定理"认为，在一般情况下，一个小的随机事件不会影响宏观事件。可是洛伦兹运算的结果正好相反，一个非常小的参数变化，让运算结果发生了翻天覆地的改变。

这是怎么回事呢？有很多科学家都去研究这件事。他们发现，这个现象在我们的世界里非常普遍，他们给这个现象起了个名字，叫作"混沌现象"。

所谓"混沌现象"，简单地说，就是在一个系统里面，有很多微小的变化，会对结果造成巨大的影响。这种影响早期还不明显，但是时间越久影响就越大；到了后期会导致结果相差十万八千里。所以对于这样的"混沌系统"，短期内的情况我们还可以预测，长期的情况则是不可预测的。

天气就是一个典型的混沌系统。地球上可以影响未来天气的因素太多，导致我们没有办法算出太久以后的天气结果。所以我们今天的天气预报，都是最近的几天比较准，一周以后的天气，就只能看一个大概趋势了。

混沌现象意味着什么？

我们在日常生活中也可以见到混沌现象。

如果你家里有蜂蜜，可以做一个小实验：拿一根筷子，将其沾满蜂蜜，然后把筷子竖着举起来，让沾满蜂蜜的一端朝下，再把筷子放到蜂蜜罐的上方，让蜂蜜顺着筷子慢慢地流下来。

刚开始，你会看到滴下来的蜂蜜在罐子里画出一圈一圈的圆形，很有规律。接着，你慢慢地抬高筷子，当筷子

用筷子沾满蜂蜜的实验解释混沌现象

高到一定程度时，你会发现，蜂蜜在罐子中画出的轨迹突然间没有规律了，是混乱的一团。

注意，这不是你手的抖动造成的。如果有条件，你可以把筷子夹在试管架上，你会发现这个现象仍旧存在，每一刻蜂蜜下落的位置我们都预测不到。

这就是日常生活中的混沌现象。人类社会里的混沌系统还有很多，比如宏观经济就是一个混沌系统。在人类的历史上，有过很多非常聪明的经济学家，他们提出了一些很棒的、能影响宏观经济的理论。外国政府利用这些理论控制经济时，一开始会比较有效，但是过了一段时间，就会出现各种各样的问题。换句话说，人类最聪明的经济学家，他们提出的方案都只能管用一小段时间。长期的情况是预测不到的。

那么，混沌系统的存在对于我们来说意味着什么呢？我们可以从两方面来看待它。

一方面，它告诉我们，我们要对控制未来这件事情保持谦虚。

在 18 世纪时，人类曾经对理性非常自信。那个时候的人们觉得，理性的力量会越来越强，到最后，我们可以用理性创造一个绝对完美的世界。所以那个时代特别流行"乌托邦幻想"，在乌托邦的世界里，人们的一言一行都要受到一个理性的统治者的控制。西方人曾经觉得，那样的社会是完美的。

可是后来发生了第一次世界大战、经济危机、第二次世界大战，还有各种经济理论的失败，这证明了光靠理性设计，似乎没法建立一个完美的世界。后来人类又发现了混沌现象，发现人类社会就是一个庞大的混沌系统，所以用理性彻底控制、规划整个社会，在理论上恐怕是行不通的。

另一方面，混沌系统的存在也是一件好事。你想啊，如果人类历史的全部未来，在今天全都能被预测得清清楚楚，那这样的世界不是很无聊吗？只有未来是不可知的，它才值得我们期待，才会有更多的可能性，才会留给我们机会，让我们把世界变得更美好。

下讲预告

下一讲，我们来讲一讲混沌系统对人生的影响。混沌系统对于我们的人生意味着什么呢？

学科辞典

△ "混沌"

混沌是一个被广泛用于描述系统的不确定性的名词。它意指不可以通过系统以前的行为来预测将来的行为。

△ "混沌系统"

混沌系统即呈现紊乱现象的一类特殊非线性系统。混沌系统的一个重要特点是它对于初始值的高度敏感性。

爸爸妈妈为什么总会焦虑？

混沌系统
（下）

上一讲说，混沌系统的特点是微小地扰动会给长期的未来造成巨大的影响，所以我们对于混沌系统只能进行短期预测，无法进行长期预测。比如，人类社会就是一个混沌系统。那么，我们的人生是不是也可以看成是混沌系统呢？

我说说我自己的答案。我认为古代中国人的人生，就不像是混沌系统。因为在古代，人生轨迹的变化非常小，大部分人一辈子都不离开自己的家乡，也没有办法选择自己的生活。

所以古时候有一句话，叫作"三岁看老"，就是说看你三岁的时候是什么脾气，我就能预测出你的一辈子是什么样。

但是我们今天的世界不一样。在今天的社会中，可变因素太多了，我们对于自己的未来可以想象出无数种可能。

比如，你现在可以想象一下自己的未来，你能确定未来一定会从事什么职业吗？一定会在哪个城市生活吗？很难吧，我们自己也不确定未来会怎样，这就是混沌系统的特征。

如果人生是个混沌系统

如果我们的人生确实是一个混沌系统，那意味着什么呢？

首先，它让我们的人生拥有了更多的可能性。

古代的大多数人都没有办法改变自己的命运，就算古代有科举考试，也是属于一小部分人的。但是在今天，我们每个人至少都有一次用读书来改变命运的机会，能够靠读书和拿奖学金进入全世界最好的学校，进入社会的中上层。而且还有很多人即使没有上过好学校，也一样能有大成就。

所以，人生是混沌系统，对我们来说首先是好事，是每一个人的机会。

其次，混沌现象也会给我们带来一些负面的影响，我们会因此变得更加焦虑和迷茫。

比如，你或许会觉得父母有时候对你管得太多了，一会儿不许你看这个节目，一会儿不许你跟某个朋友玩儿，一会儿又不许你太晚回家。父母之所以管得那么多，原因之一，就是能影响我们未来的因素太多了。

比如，父母也许会这么说："你以后不许晚回家。"为什么呢？"因为万一晚回家，你认识了坏孩子，学坏了怎么办？你要是学坏了，你就成了坏孩子；你要是成了坏孩子，你将来就要犯罪；你要是犯罪了，你一辈子就完了！"父母要是这么说，你一定会觉得他们不讲道理，不就是晚回家，怎么就一定会犯罪呢？

其实，父母有他们的理由。因为在他们看来，你的人生是一个混沌系统，现在的每一个微小的变化都会给未来造成巨大的影响。所以在你无数种可能的未来中，确实存在着一个"今天晚上晚回家，最后会犯罪"的可能性。

不只是父母焦虑，我们自己对这个混沌系统也会感到苦恼。我们会对未来感到迷茫，甚至都不知道此时的选择会对未来有什么影响。比如父母说过，只有好好学习才能有更好的未来。我们可能会怀疑这句话，会反驳说："那谁谁谁退学了，他怎么成了大富翁了呢？那谁谁谁好好学习

原来妈妈的焦虑，和混沌现象有关。

了，最后不也没找着工作吗？"这句话的意思是说我们找到了成功的秘诀，只要退学，就能成为大富翁吗？当然不是。这句话的真正意思是：我们没有办法知道现在该怎么做，未来才能一定成功。不确定的因素太多了。

因为在混沌系统里面，现在的每一个选择都会导致未来出现无数的可能，所以我们才会迷茫。

混沌现象和人生的未来

我们不用特别担心上面说的这一点，因为人生的混沌系统和天气预报还是不太一样。

可以打个比方，天气预报如果要预测一个月以后的天气，就好比我们要让一艘船过河。这艘船是无人驾驶的，所以我们一开始就要计算好这艘船的航线，开船以后，中间就不能改了。可是这条河的情况又特别复杂，我们一开始计算出来的一点误差，很可能导致这艘船在一个月后跑偏好几百千米，这也是天气预报的困境。

人生规划和天气预报也不太一样。天气预报要求今天就说出一个月以后的天气，要准确。但是我们的人生今天预测错了没关系，明天还可以改。换句话说，人生是可以不断调整的——我们在船开到一半的时候发现跑偏了，可以立刻调整方向。

也就是说，我们可能会做出一些错误的决定。比如，我错误地退学了，或者我错误地选择了专业，但是没有关系，因为我们是在混沌系统里，我们有的是机会。我报错了学校还可以再考，考不上还可以自学。这个世界里有无数的学习机会，想学什么都可以，所以跑偏一点没关系，我们还可以改回来。

不过，这种生活也有代价。因为我们要随时调整船头，所以我们的人生会变得特别焦虑，这和那个"三岁看老"的古代很不一样。在古代，老百姓如果想提高社会地位就只能读书，而且只能读"四书五经"，所以我们就抱着那些书读，不用焦虑做错了什么。但是在这个时代，我们不得不经常性地想一想，我现在做得对不对，我的船跑偏了没有？我们比古人更焦虑了。

你可能听说过很多思想家对现代社会的批判，其中的一大主题，就是现代人更容易迷茫和焦虑。这是我们在现代社会拥有更多可能性的代价。所以，以后爸爸妈妈再为我们担心时，我们可以多一点理解。这不仅仅是因为爸爸妈妈对我们的特别关心，也是现代社会人人都摆脱不了的精神困境。

下讲预告

下一讲，我们来讲一讲，数学思维怎么帮助我们提高生活质量。

怎么能让生活变得更舒适？

信息
三角形

怎么用数学思维提高生活的质量？这次我们利用的思维工具，叫作"信息三角形"。

古人盖房子为什么这么慢？

瑞士的物理学家施普伦画了一个三角形，这个三角形的三个顶点，一个写着"能量"，一个写着"信息"，一个写着"时间"。他说，我们人类完成的每一项工作都需要这三个顶点一起配合，这三个顶点代表的资源哪一项都不能少。如果其中一个资源消耗得特别少，那么其他两个资源就要消耗得特别多。

举一个例子。假如我们今天要盖一座楼房，时间很快，几个月就盖完了。但是古代人要建造一个大型的建筑，往往要消耗很多年。

原因是什么呢？

第一，古代人能够利用的能量非常少。我们今天盖房子需要的能量来自煤炭、石油、电站发电。有了这么多能量，我们一按起重机的电钮，一块大石头就被运上去了。古代人能够利用的能量就少很多。他们要抬高一块大石头，只能做一个很长的斜坡，利用杠杆原理，用斜坡的长度来代替人的力量。需要的力量少了，往上推石头的时间就变长了。

第二，古代人拥有的信息也少。我们今天盖房子有很多前人积累的经验可以参考。我们知道混凝土的配方，知道建筑采用什么结构更合理，这些信息都可以让我们节约大量的能量和时间。但是古代人没有这些经验，他们只能用相对笨一点的方法来盖房子，他们消耗的能量和时间就多。

所以在刚才说的三样东西——能量、信息、时间里，其中的"能量"和"信息"，古人拥有的都不多，他们唯一剩下的就只有"时间"。所以古代人建造一个大型建筑，要花很长时间。

用这个"信息三角形"理论就可以解释，为什么我们今天的工作没有古人辛苦，物质生活却比古人更幸福。原因就在于，我们拥有比古人更多的能量和技术。

在农业社会，人们主要消耗的是生物能，也就是牲畜和人的劳动力。这个能量非常低，所以古代人要想过上稍微好点的生活，就必须奴役大量的劳动人民。而在今天，我们每个人使用的能量都是古人的无数倍，而且这些能量来自煤炭、水电、核能，不需要借助人力，所以我们的生活就比古人幸福很多，还不需要奴役别人。

就好比，我们今天按一个电钮，洗衣机就会自动洗衣服，这在古代就是一两个丫鬟的工作量。今天打一个电话，半小时后外面就送来一份饭，荤素搭配，有鱼有肉，还有一杯冰镇饮料。这在古代，家里就得养很多的厨师、厨工，还得挖一个冰窖，才能解决这件事。

怎么才能提高生活的质量？

我们怎么能利用这个"信息三角形"提高自己的生活水平呢？

我们来看一下那个三角形——能量、信息、时间，这三个东西对于我们来说，哪个最珍贵呢？

首先是时间。因为我们的寿命是有限的，人一辈子就活那么多时间，没了就没了，时间是最耗不起的。

其次是能量。我们每个人占有多少能量取决于技术和金钱，能源技术不发生革命性的变化，价格就不会有大的改变，那我们想占有更多的能量，就只能多花钱。

比如，打车比地铁更方便、更舒适，但是如果想打车，

父母希望我们从学习中尽量获取更多、更好的信息

就要比坐地铁花更多的钱。这是因为我们坐汽车耗费的能量要比坐地铁多得多。多耗费能量，就要多花钱。所以在收入不变的情况下，我们也很难改变三角形里的"能量"。

那么在三角形里，现在只剩下了一个，就是"信息"。换句话说，在付出的金钱和时间不变的情况下，如果想提高我们的生活水平，唯一能做的是获取更多、更有用的信息。

所以父母才要我们好好学习，要我们花费人生中最宝贵的时间去读书，读完了中学、大学还不够，父母还想让我们继续考研、考博……这是因为父母希望我们能尽量获提高生活水平最好的办法很简单，就是学习，比别人获取更多、更好的信息。

取更多、更好的信息，这是提高生活水平最好的办法。

俗话说："你学到的本事越大，将来获取物质的能力越强，生活质量就越高。"

你在学经济学时，可能听过一个词，叫作"信息不对称"。意思是说，人们可以因为拥有别人不具备的信息赚钱。

比如，你可能听说过一些创业成功的例子。那些创业公司的老总也是普通人，每天的时间也不比别人更多，为什么他们一个人就可以创造出巨大的财富呢？其中一个原因是：他们拥有的信息和我们的不一样。他们比一般人更早地看到了这个社会的商业机会，甚至可能只早几个月，他们就利用这个信息创造了巨大的财富，这就是信息的力量。

有了信息就可以多赚钱，而多赚钱就意味着做同样一件事，你可以利用的能量比别人多。而消耗的能量越多，你就可以节约更多的时间。就好比别人排队挤地铁时，你可以打车，而你节约下来的时间可以用来获取信息，这就形成了人生的良性循环。

所以归根结底，提高生活水平最好的办法很简单，就是学习，比别人获取更多、更好的信息。

下讲预告

这一讲我们讲了信息的重要性，非常幸运的是，在我们身边正在发生着关于信息的技术革命，这场革命会给我们的生活带来巨大的变化，那它到底是什么呢？

学科辞典

△ "信息"

通信系统传输和处理的对象，泛指消息和信号的具体内容和意义。

人类的科技方向
错了吗？

信息
革命

这一讲，咱们来讨论一个非常宏大的问题，谈一谈数学和整个人类文明之间的关系。

从前的科幻小说和现在有什么不一样？

如果你很喜欢科幻小说，会发现一个很有趣的现象。在 20 世纪 60 年代那个科幻小说的黄金时期，科幻作家所幻想的未来世界和我们今天的世界，在科技水平上有很大的不同。

那个时代的科幻小说中，未来人类的工业水平非常高。

人类可以移民到外星，可以生产出外表和人一样的机器人，但是他们的信息技术非常落后。

举个例子，你可能听说过有一个电影叫作《银翼杀手》。在《银翼杀手》的原著里，未来人类可以移民到火星，可以生产出仿生人。可是与此同时，人们用的电子产品非常落后。小说里面的人如果想知道一件商品的价格，只能去翻用纸印的商品手册。那个手册每个月出版一次，就跟杂志一样。而在今天，用手机一查就可以了。

再如，科幻作家阿西莫夫，在他的小说里，未来的人类已经可以殖民到整个银河系，还可以生产出和人类一模一样的机器人。但是那个时代的人们在计算数字时，还需要使用计算尺。你可能没听说过什么是计算尺，简单地说，就是一种可以滑动的尺子，上面有很多刻度。你可以通过滑动这个尺子来进行加减乘除各种运算。这个东西在我小的时候就已经被淘汰了，结果在阿西莫夫的"银河帝国"里面，人们还在用计算尺来计算数字。

总而言之，这些科幻作品和今天的相比，两个世界科技发展的方向很不一样。过去那些科幻作品，科技发展的重点是工业技术。而我们今天科技发展方向的重点变成了信息技术。这背后的原因，是 20 世纪人类的科技重心和今天的不一样。

在 20 世纪 60 年代，那时人们生活的改变，主要受到工业革命的影响。人们看到的是工业技术的日新月异，比如今天生产出一辆更快的汽车，明天出现一架更快的飞机。所以那时的科幻作家当然会以为，人类的科技会沿着这个方向继续发展下去。

信息技术和数学算法的改进，让互联网行业释放出了巨大的生产力。

可是他们没想到的是，到了 20 世纪 90 年代，工业技术的发展变慢了，反而出现了"互联网革命"，人类的科技重心转移到了计算机和互联网上。

从表面上看，这是一次让人很意外的转变：在 20 世纪，最精英的人才是摆弄机械的工程师；而在今天，最新潮的公司是互联网公司，最热门的工作是在电脑前的程序员。

这让我们忍不住产生一个疑惑：人类的科技方向为什么会拐弯呢？这个从机械到虚拟世界的拐弯是不是一种错误呢？

我们回想一下上一讲说的"信息三角形"，会发现，这背后的逻辑非常简单。

人类的科技方向错了吗？

我们在上一讲里说，信息本身可以成为生产力。

而所谓"工业革命"和"互联网革命"的背后，其实是同一个逻辑，就是"信息的释放"。

你还记得吗？在学校里学习世界历史时，我们的课本先讲资本主义的出现，然后才讲工业革命，这是因为资本主义是工业革命的前提。这里说的"资本主义"，可以简单地理解成"自由市场"。也就是说，先有了自由市场，然后才有了工业革命。

那自由市场为什么会有这么大的魅力呢？我们可以从信息的角度，解释自由市场的价值。自由市场根据所有人的供求关系决定商品价格，又通过商品价格释放资源的需求信息。有了这个信息，全社会的资源就可以得到最高效的分配，所以全社会的生产力都提高了。

因为有了自由市场，商人们有了发展科技、提高生产力的动力，于是把大量的资金投入科学研究中，又把科学研究变成生产力，这才诞生了工业革命。所以从根本上说，科学发明不是产生工业革命的根本原因，自由市场才是。

所以我们就可以理解，为什么把互联网的发明也称作一场"革命"了。因为互联网也创造了大量信息。你可能不知道，在互联网购物流行之前，我们平时使用的商品远没有今天的商品种类多、价格低。之所以互联网购物降低了商品价格，是因为它通过互联网技术，用很低的成本释放了商品的供需信息。这样一个看上去很"简单"的功能，却创造了巨大的价值，让电子商务成为中国最赚钱的行业之一。

其他互联网行业也是一样，凡是那些创造了巨大价值的公司，它们都创造了海量的有价值的信息。

从这个角度再看今天的科学技术，会发现我们发展的方向其实没有错。

从表面上看，虽然我们从实打实的工业技术，一下子跳到了虚拟的信息技术上，好像是哪儿也不挨哪儿，但其实这两场革命背后的逻辑是一样的，都是创造信息的革命。

信息革命意味着我们提高了运用数学工具的能力。又因为今天的各种科学技术、学术理论都要使用各种各样的数学模型，所以提高了运用数学工具的能力，也就意味着提高了我们利用技术改善生活的能力。

那么你也就不难回答，为什么今天的高科技产业，会把注意力放在云计算、大数据和人工智能上。因为改进了计算能力，就意味着提高了生产力。

在可以预测的未来中，我们的信息技术还有很大的发展空间。计算机硬件的发展还没有到天花板，信息技术还在不断诞生新的产品形式。信息技术和数学算法的改进，还会为这个世界释放出巨大的生产力。

 下讲预告

下一节是最后一讲，我要聊一聊在我的心目中数学到底是什么。

什么东西，
永远不会背叛你？

在这本书的结尾，我想和你聊一聊，对于我们普通人来说，数学意味着什么。

如果要用一句话来概括数学，我还是要借用王国维先生的那句话："可爱者不可信，可信者不可爱。"数学是所有学科里面最可信，也是最不可爱的。

你说，数学思维里有美吗？有一些数学的科普书里会说，数学也是美的，说数学里有各种美妙的证明。但是，这里所谓的"美"，其实指的是形式和技巧上的简洁，和我们在艺术领域里欣赏到的美不是一回事。

你说，数学浪漫吗？

数学家可以浪漫，但是对于数学本身，我找不到任何浪漫。所以我们才管那些不懂得浪漫、不解风情的男孩叫"理工男"。这个"理工思维"其实就是数学思维。

你说，数学有感情吗？

数学里也没有任何感情。我们可以对数学投入感情，

当人类学会了用数学记录知识以后，技术得到了飞速发展。

但是无法用数学来表达感情。我们甚至可以说，数学是冷酷无情的。

我刚才说了数学的很多缺点，数学确实是所有学科中最不可爱的一个。但是，数学用这个代价换来了它最大的优点：它是最可信的。

文字就不是百分之百地可信，所以我们在学国学时，要先学训诂和考据。换句话说，当古人的书摆在我的面前时，虽然这里面的每一个字我都认识，但是我还是不确定这些字真正要表达的是什么意思。

孔子虽然很伟大，但是他说过的一句话中的一个字也许会有八种不同的解释。为了搞清楚这个字到底是什么意思，就会有一大堆学者花上很多时间去讨论。只研究完这一个字还不够，还得讨论这个词是什么意思，这句话又是什么意思。大家耗费了大量的精力，写了无数的论文，往往就是为了论证这一个字、一个词，而且到最后可能还没论证清楚，还是会有不同的意见。因为有不同的意见，人们就会分派别，每个学派的观点都不一样。所以，我们今天如果要系统地学习国学，就要学习很多学派的观点，每一个学派的书都要读。

但是数学不一样，用数学语言写下的信息可以被绝对精确地传播。

物理学就是用数学语言写下的，所以我们今天学牛顿的物理学，就用不着训诂和考据。从古希腊到牛顿，中间两千年，我们不用把这两千年中的物理学著作都学一遍，甚至都不用学英语，不用读牛顿的原著，不用揣摩原著里面每一句话到底是什么意思。

只要学几个数学公式，我们就能知道牛顿定理里面全部的内容。两千年的物理学的发展，我们用一节课就能学会。

所以，当人类学会用数学记录知识以后，技术才能飞速发展，我们也才能创造各种科学奇迹。

这就是数学伟大的地方。

数学不仅可以在时间上精确地传递信息，在空间上也可以。

中国曾经流行过一个作家叫作"黄仁宇"，他提出了一个概念叫作"数目字管理"。他说，为什么明朝有那么大的领土，那么有钱，最后却会经济崩溃掉呢？是因为缺乏"数目字管理"，缺少精确的财政制度。

比如，今天收税，我们有非常复杂的财政制度，保证一个遥远山村里的税收数字可以被精确地统计到中央，中间一个小数点都不会差。但是明代没有这么好的财政制度，对于从地方上收来的税，经手的人会贪掉，会造假账，会撒谎说我们这儿闹灾荒了，最后的结果是中央拿不到钱。等地方真的闹灾荒时，中央的补助扔下来也是一路被贪污掉了，最后老百姓也拿不到钱。这样的社会当然就搞不好。

而我们今天的社会之所以效率越来越高，就是因为我们处处都在用数目字来管理。

数据没有感情，所以我们常说现代社会是冷冰冰的。我们挤在公共交通里，即使人和人挨得那么近，都头碰着数学不仅可以在时间上精确地传递信息，在空间上也可以。

头了，可是两个人之间可能也不会看一眼，而是都低头盯着自己的手机。

可是从另一个角度看，冷冰冰的数据带来了有史以来效率最高的社会制度。我们和陌生人交往时，不用在辞藻、虚伪和欺骗中浪费时间，因为有了数学，陌生人之间的一切互动都变得真实可信。

在过去，做买卖讲究人情，会看重"老字号""老主顾"，因为如果没有多年培养的信任，商业往来就太容易出现坑蒙拐骗。而在今天，我们可以走进陌生城市的一家陌生商店，从一个陌生店员的手上接过一件不知道是谁生产出来的商品，而不用担心买到假冒伪劣，这就是"数目字管理"给我们带来的便利和安全。

那么，我们为什么要学习数学思维呢？

从最现实的角度讲，我们是为了了解现代社会的运转关键。在现代社会，大到国家决策、公司运转，小到选择职业、购买商品，我们做出的各种决策靠的都是数据。所以学会数学，就等于掌握了现代社会运转的关键。我们知道了每一个数据背后的数学意义，就会在面对这个社会时，思维更加清晰，更有掌控力。

从更深刻的角度讲，数学是人类所有学科中最可信的一个。只要人类的大脑不发生革命性的变化，今天这些数学知识的正确性就不会发生变化。

在我们身边，有很多人热衷于追求永恒的东西，因为永恒能给人带来安全感。但是随着年龄的增长，你会慢慢发现，人世间能够保持永恒的东西太少了。当那些你原本以为会永恒的东西，在你面前一个一个破灭时，你会非常渴望拥有一个能永远不会背叛你的东西。

永远不会背叛你的东西是什么呢？

它是数学。

图书在版编目（ＣＩＰ）数据

哇，原来数学这么有趣 / 林欣浩著 . —北京：东方出版社，2023.4
ISBN 978-7-5207-3045-7

Ⅰ . ①哇… Ⅱ . ①林… Ⅲ . ①数学－儿童读物 Ⅳ . ① O1-49

中国版本图书馆 CIP 数据核字（2022）第 210140 号

哇，原来数学这么有趣
（ WA , YUANLAI SHUXUE ZHEME YOUQU ）

作　　者：林欣浩
策 划 人：赵　琳
责任编辑：赵　琳
产品经理：赵　琳
出　　版：东方出版社
发　　行：人民东方出版传媒有限公司
地　　址：北京市东城区朝阳门内大街166号
邮　　编：100010
印　　刷：小森印刷（北京）有限公司
版　　次：2023年4月第1版
印　　次：2023年4月第1次印刷
开　　本：880毫米 × 1230毫米　1/32
印　　张：7.75
字　　数：136千字
书　　号：ISBN 978-7-5207-3045-7
定　　价：59.80元
发行电话：（010）85924663　85924644　85924641

本书增值好礼

好礼一

《哇，原来数学这么有趣》书籍配套音频

免费领10节

讲解作者：林欣浩

没有数学公式，没有几何图形，没有坐标轴，没有函数线……
一门不一样的数学课，带你理解数学背后的思维方式。

1+1=2 ✓
1+1=1+1 ✗
这是为什么？
现在就扫码收听吧！

扫码免费听音频

好礼二

本书作者林欣浩老师
给孩子的《40堂成长智慧课》音频

免费领10节

40个成长中最困扰的真实问题，几十位中外哲学家的思想精华，上百个哲学家的故事和名言……
一门源于生活的哲学课，带你用哲学思维，去解决成长烦恼。

被同学孤立，我该怎么办？
父母不理解我，我该怎么办？
交不到真正的朋友，我该怎么办？
……
现在就扫码收听吧！

扫码免费听音频